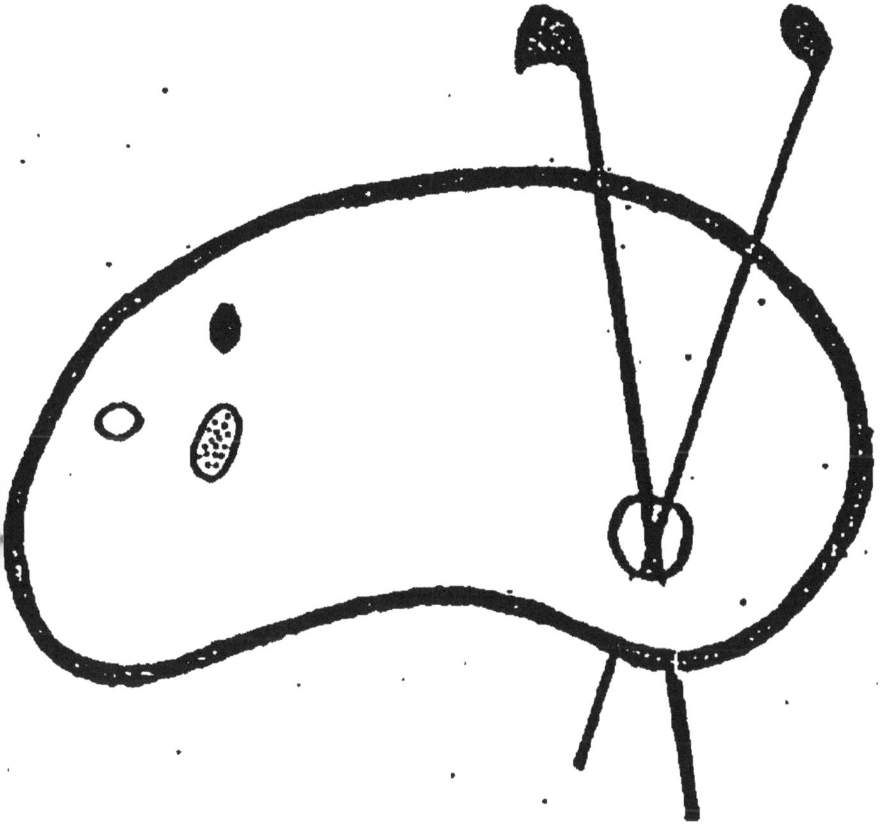

COURS DE SCIENCES PHYSIQUES ET NATURELLES

RÉPONDANT AUX PROGRAMMES OFFICIELS DE 1902

ÉLÉMENTS
DE CHIMIE

PAR F. G.-M.

CLASSE DE TROISIÈME

MÉTAUX — CHIMIE ORGANIQUE

TROISIÈME ÉDITION

TOURS
MAISON A. MAME & FILS
IMPRIMEURS-ÉDITEURS

PARIS
J. DE GIGORD
RUE CASSETTE, 15

ET CHEZ LES PRINCIPAUX LIBRAIRES

N° 281 B

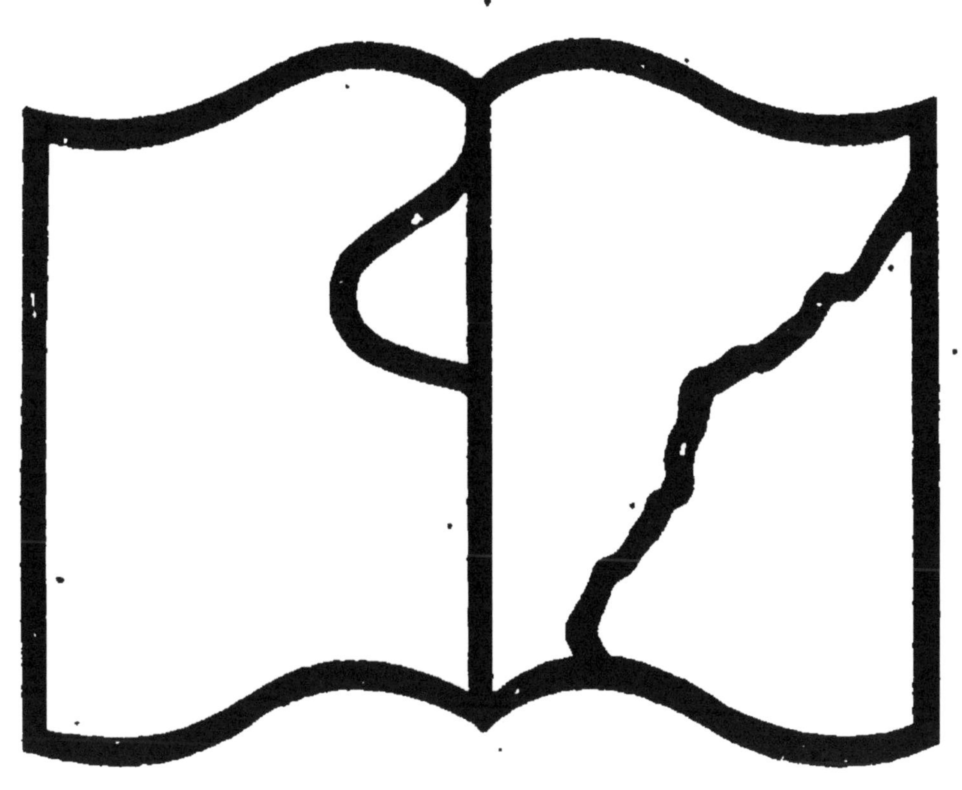

Texte détérioré — reliure défectueuse

NF Z 43-120-11

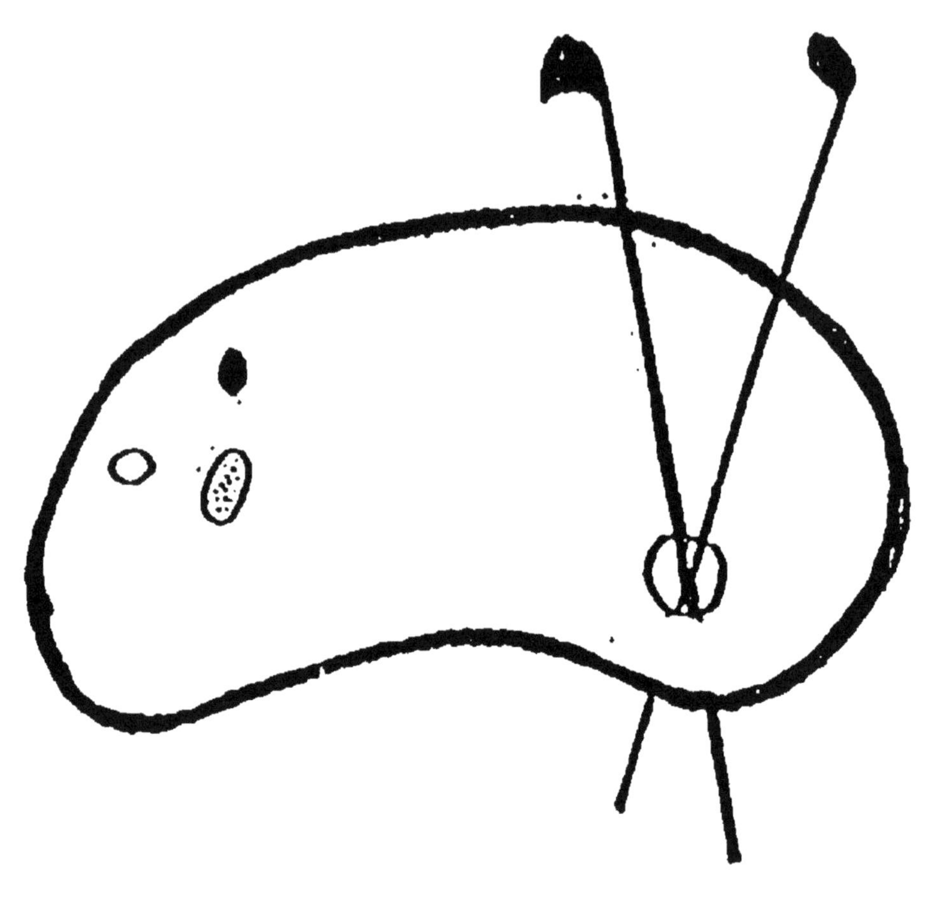

FIN D'UNE SERIE DE DOCUMENTS
EN COULEUR

ÉLÉMENTS DE CHIMIE

N. 281 B

COURS DE SCIENCES PHYSIQUES ET NATURELLES
RÉPONDANT AUX PROGRAMMES OFFICIELS DE 1902

ÉLÉMENTS DE CHIMIE

PAR F. G.-M.

CLASSE DE TROISIÈME

MÉTAUX
CHIMIE ORGANIQUE

TROISIÈME ÉDITION

TOURS
MAISON A. MAME & FILS
IMPRIMEURS-ÉDITEURS

PARIS
J. DE GIGORD
RUE CASSETTE, 15

ET CHEZ LES PRINCIPAUX LIBRAIRES

1917

PROGRAMME OFFICIEL DU 31 MAI 1902

(Les nombres placés entre parenthèses, après les titres des paragraphes, renvoient aux numéros où les questions sont traitées.)

CLASSE DE TROISIÈME

Métaux et alliages. — Propriétés pratiques (1-8).
Chlorure de sodium. — Carbonate de sodium (8-13).
Calcaires, chaux, mortiers, ciment, plâtre (13-25).
Minerais oxydés et sulfurés ; méthodes générales de traitement (25-29).
Fer, fontes, aciers (29-42).
Cuivre et alliages ; sulfate de cuivre (42-49).
Plomb et alliages (49-54) ; minium, céruse (55-57).
Zinc et alliages (57-62) ; oxyde de zinc (62).
Aluminium, alumine, argiles, kaolin, porcelaine, faïences (63-83).
Verres et cristal (83-88).
Argent (88-94) et or (94-99). — Alliages monétaires (99-101).

CHIMIE ORGANIQUE

Carbures d'hydrogène (112).

Méthane, pétroles (113-123). — Éthylène (123-127), acétylène (127-134), benzine (139-145).

Gaz d'éclairage (135-139).

Alcool méthylique (148-153). — Alcool éthylique (157-161), fermentation alcoolique (156, 161 et 162).

Acide acétique (165-168), vinaigre (168-171), fermentation acétique (164).

Éthers-sels (171-175). — Corps gras (175-180), acides gras (180-183).

Glycérine (183-188), bougies (192-193) et savons (188-192).

Saccharose (194-200), glucose (200-206).

Amidon (206-213), cellulose (213-219).

Phénol (219-223), aniline (224-228).

ÉLÉMENTS DE CHIMIE

CHAPITRE PREMIER

GÉNÉRALITÉS SUR LES MÉTAUX ET LES ALLIAGES

§ I. — Métaux.

1. Nature des métaux. — *Les métaux sont des corps simples, bons conducteurs de la chaleur et de l'électricité, et généralement doués d'un éclat particulier appelé éclat métallique. Combinés à l'oxygène, ils forment des oxydes, dont l'un au moins est un oxyde basique.*

2. Propriétés physiques. — Les métaux sont tous solides à la température ordinaire, sauf le mercure qui est liquide. Les autres propriétés physiques des métaux sont :

1° La *malléabilité* : propriété de se réduire en feuilles minces, sous l'action du marteau ou du laminoir (fig. 1).

Fig. 1. — Laminoir.

L'or, l'argent, le cuivre, sont les métaux les plus malléables.

2° La *ductilité*, qui permet de les étirer en fils. Avec 1gr d'or, on peut obtenir un fil de 3km de long.

3° La *ténacité*, ou résistance à la rupture. Un fil de fer de 2mm de diamètre supporte, sans se rompre, un poids de 250 kg (fig. 2).

Fig. 2. — Ténacité du fer.

4° La *fusibilité*. Tous les métaux sont fusibles : les uns, comme l'*étain*, le *plomb*, fondent très facilement; d'autres, comme l'or et le platine, ne fondent qu'à des températures très élevées.

5° La *densité* des métaux est très variable : le *potassium* et le *sodium* sont plus légers que l'eau; le *magnésium* a une densité de 1,74; l'*aluminium*, de 2,5; tous les autres métaux connus sont beaucoup plus lourds. La densité des métaux communs varie entre 7 et 9. Celle des métaux précieux est plus élevée. Ainsi la densité de l'*argent* est 10,4; celle du *mercure* est 13,6; celle de l'*or* 19,3, et celle du *platine* 21,2.

3. Propriétés chimiques. — Action de l'oxygène ou de l'air. — Le *potassium* est le seul métal qui s'oxyde à la température ordinaire en présence de l'air ou de l'oxygène secs. L'air humide, chargé d'anhydride carbonique, attaque la plupart des métaux. Le fer se recouvre à la longue d'une couche d'hydrate de sesquioxyde de fer (rouille); le plomb, le zinc, se ternissent par suite de la formation, à leur surface, d'un hydrocarbonate qui préserve le métal d'une oxydation plus profonde.

Le magnésium chauffé s'enflamme dans l'air en produisant une lumière éblouissante (fig. 3). Tous les métaux, sauf l'or, l'argent, le platine et l'iridium, s'oxydent directement à une température plus ou moins élevée; pour quelques-uns, comme le mercure, l'oxydation produite au-dessous de 350° disparaît si l'on chauffe davantage.

Fig. 3.
Combustion du magnésium.

Action de l'eau. — L'eau est décomposée à froid par certains métaux, qui s'emparent de l'oxygène et mettent l'hydrogène en liberté. Avec le potassium, la chaleur dégagée dans la réaction est suffisante pour enflammer l'hydrogène (fig. 4).

Certains métaux, comme le magnésium, ne décomposent l'eau qu'à 100°; d'autres ne la décomposent qu'au rouge, tels sont : le fer, le nickel, le cobalt, etc. Avec le cuivre, le plomb, la décomposition n'a lieu qu'à une température très élevée.

Pour garantir les métaux de l'oxydation, on les enduit de peinture ou de vernis; on protège le fer en le recouvrant d'une couche d'étain (*fer-blanc*), ou en le combinant avec le zinc (*fer galvanisé*).

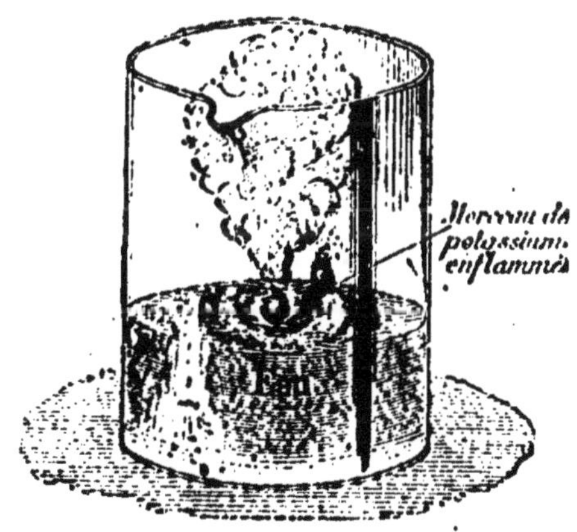

Fig. 4.
Décomposition de l'eau par le potassium.

§ II. — Alliages.

4. Utilité des alliages. — Les métaux, quoique très nombreux, sont insuffisants pour répondre aux besoins de l'industrie. Un très petit nombre sont employés seuls : outre le *fer*, dont les usages sont nombreux, on emploie le *plomb* pour faire des conduites, l'*aluminium* lorsqu'on a besoin d'un métal très léger, l'*étain* quand on veut un métal peu altérable, et le *cuivre* pour quelques usages de laboratoire. Les autres métaux possèdent, à côté de certaines propriétés qui justifieraient leur emploi, d'autres propriétés présentant des inconvénients. Mais, en combinant deux ou plusieurs métaux, on obtient des composés appelés alliages, ayant des propriétés spéciales et distinctes de celles des composants.

5. Principaux alliages. — Les principaux alliages sont : le *laiton* (cuivre et zinc), le *maillechort* (cuivre, zinc et nickel), le *bronze* (cuivre et étain), et les *alliages monétaires*.

Quand le mercure est l'un des composants de l'alliage, celui-ci prend le nom d'*amalgame*.

Les alliages les plus employés sont les suivants :

Alliage	Composant	Proportion
Monnaie d'or (française). .	Or.	900
	Cuivre . . .	100
Vaisselle d'or et bijouterie.	Or.	750 à 920
	Cuivre . . .	250 à 80
Monnaie d'argent (les pièces de cinq francs exceptées).	Argent . . .	835
	Cuivre . . .	165
Vaisselle d'argent	Argent . . .	950
	Cuivre . . .	50
Bronze de monnaie.	Cuivre . . .	93,5 à 95
	Étain. . . .	6 à 4
	Zinc.	0,5 à 1
Bronze des cloches.	Cuivre . . .	78
	Étain. . . .	22
Laiton.	Cuivre . . .	65
	Zinc.	35
Maillechort.	Cuivre . . .	50
	Zinc.	25
	Nickel . . .	25
Caractères d'imprimerie . .	Plomb . . .	80
	Antimoine.	20

6. Propriétés des alliages. — Les alliages présentent tous l'aspect et les propriétés d'un métal. En général, un alliage est plus fusible que le moins fusible des métaux composants. Il peut même arriver que la fusibilité d'un alliage soit plus grande que celle du plus fusible des métaux qui en font partie. Ainsi l'alliage de Darcet, composé de 8 parties de bismuth, 5 de plomb et 3 d'étain, fond à 94°,5; alors que le métal composant le plus fusible, l'étain, ne fond qu'à 228°. L'alliage de Wood, formé de cadmium, de plomb, de bismuth et d'étain, fond à 65°. L'alliage obtenu en combinant 1 partie de potassium avec 3 parties de sodium, est liquide à la température ordinaire.

Quand on chauffe un alliage dont l'un des métaux est volatil, celui-ci se sépare comme si les métaux étaient simplement mélangés; cette propriété sert de base à la métallurgie de l'or et de l'argent.

Si l'un des métaux composants est oxydable, on peut le séparer par oxydation : ainsi, dans l'alliage de l'argent avec le plomb, ce dernier s'oxyde en présence de l'air sous l'influence de la chaleur, comme s'il était seul, et l'argent reste inaltéré.

7. Liquation. — Si on laisse refroidir lentement un alliage fondu, on constate, à l'aide du thermomètre, que la température, qui décroît d'abord d'une manière continue et régulière, reste stationnaire pendant un certain temps, puis redescend à nouveau pour s'arrêter encore, et ainsi de suite. A chaque arrêt de la température, une partie du liquide se prend en une masse cristallisée. Il y a donc dans un alliage, homogène en apparence, plusieurs alliages différents et définis.

Pour réaliser le phénomène en sens inverse, on chauffe progressivement un alliage, une première portion se liquéfie; on la sépare, et on a un premier alliage en proportions définies. La partie restante peut être considérée comme un alliage dissous dans un excès de l'un des métaux.

Le phénomène de la liquation explique les précautions spéciales exigées pour la coulée des alliages en métallurgie.

Ainsi il faut essayer d'obtenir un refroidissement très rapide. Dans la fabrication des canons de bronze, on laisse en outre, à la partie supérieure, une masse de métal, appelée *masselotte*, destinée à être enlevée.

RÉSUMÉ

Les **métaux** sont des corps simples, bons conducteurs de la chaleur et de l'électricité, et généralement doués de l'éclat métallique. Combinés à l'oxygène, ils forment des oxydes dont l'un au moins est un oxyde basique.

Les métaux sont tous solides à la température ordinaire, sauf le mercure, qui est liquide. Ils sont malléables, ductiles, tenaces, fusibles. Leur densité varie suivant la nature du métal; celle des métaux communs est comprise entre 7 et 9. Les métaux précieux sont plus lourds.

Le potassium est le seul métal attaqué par l'oxygène sec à la température ordinaire. Mais tous les métaux, sauf l'or, l'argent et le platine, s'oxydent aux températures élevées.

Parmi les métaux, il en est qui décomposent l'eau à la température ordinaire : potassium, sodium; plusieurs ne la décomposent qu'à 100°, comme le magnésium; et d'autres, tels que le fer, le nickel, etc., n'agissent qu'au rouge.

On garantit les métaux contre l'oxydation par une couche de peinture ou de vernis, l'étamage et la galvanisation.

La combinaison de plusieurs métaux s'appelle *alliage*. Les alliages, dont les principaux sont : le *laiton* (cuivre et zinc), le *maillechort* (cuivre, zinc et nickel), le *bronze* (cuivre et étain), les *alliages monétaires*, etc., remplacent les métaux dans la plupart des usages.

Quelques alliages sont remarquables par leur grande fusibilité; tels sont : l'alliage de Darcet, qui fond à 94°,5; celui de Wood, fondant à 65°; enfin celui de potassium et de sodium, liquide à la température ordinaire.

Si le mercure fait partie de l'alliage, on a un *amalgame*.

La *liquation* est le phénomène par lequel un alliage fondu se sépare par refroidissement en plusieurs autres bien définis.

CHAPITRE II

LE CARBONATE DE SODIUM : CO^3Na^2

8. Préparation. — Le chlorure de sodium (Chimie de Quatrième, n° 58), est la source naturelle des composés du sodium; mais leur source industrielle est le carbonate de sodium, vulgairement appelé *soude*, et que l'on prépare de différentes manières :

A. — Les **soudes naturelles** s'obtiennent par l'incinération des végétaux marins (varechs); on lessive les cendres, et on évapore les eaux de lavage.

B. — Les **soudes artificielles** se préparent par deux procédés :

1° Procédé Leblanc. — Il consiste : a) *A transformer le chlorure de sodium en sulfate de sodium;*

b) *A chauffer à haute température un mélange de sulfate de sodium, de craie et de charbon.*

La première transformation se produit dans l'action de l'acide sulfurique sur le chlorure de sodium, et sous l'influence de la chaleur :

$$\underset{\text{Chlorure de sodium.}}{2\,NaCl} + \underset{\text{Acide sulfurique.}}{SO^4{<}^{H}_{H}} = \underset{\text{Sulfate de sodium.}}{SO^4{<}^{Na}_{Na}} + \underset{\text{Acide chlorhydrique.}}{2HCl} \quad (1)$$

En calcinant ensuite un mélange de sulfate de sodium, de carbonate de calcium (craie) et de charbon, on obtient de l'oxyde de carbone, du sulfure de calcium insoluble et du carbonate de sodium soluble. La séparation de ce dernier corps sera donc facile. Le carbonate de calcium, en réagissant sur le sulfate de sodium, donne :

$$\underset{\text{Sulfate de sodium.}}{SO^4Na^2} + \underset{\text{Carbonate de calcium.}}{CO^3Ca} = \underset{\text{Sulfate de calcium.}}{SO^4Ca} + \underset{\text{Carbonate de sodium.}}{CO^3Na^2} \quad (2)$$

L'action de l'eau sur les deux produits du second membre déterminerait la réaction inverse, à cause de l'insolubilité du carbonate de calcium. C'est pour cela qu'on ajoute du charbon qui, avec le sulfate de calcium, donne :

$$\underset{\text{Sulfate de calcium.}}{SO^4Ca} + \underset{\text{Charbon.}}{4C} = \underset{\text{Oxyde de carbone.}}{4CO} + \underset{\text{Sulfure de calcium.}}{CaS} \qquad (3)$$

Les réactions (2) et (3) se produisent dans des fours analogues à celui de la figure 5.

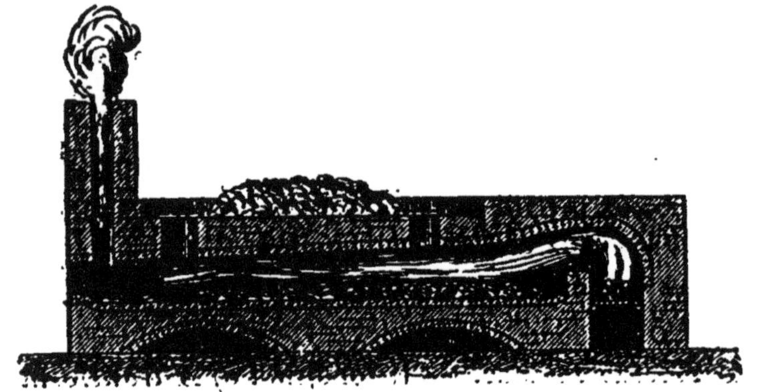

Fig. 5. — Fabrication de la soude (procédé Leblanc).

2° Procédé Solvay ou procédé à l'ammoniaque. — Dans le procédé Solvay, on transforme directement le chlorure de sodium (NaCl) en carbonate, sans passer par le sulfate.

Pour cela, on fait arriver un courant de gaz carbonique et un courant d'ammoniaque dans une solution de sel marin. Il se précipite du bicarbonate de sodium (CO^3NaH), et il reste en dissolution du chlorure d'ammonium.

Les gaz carbonique et ammoniac produisent d'abord, en présence de l'eau, du bicarbonate d'ammonium :

$$\underset{\text{Gaz ammoniac.}}{AzH^3} + \underset{\text{Gaz carbonique.}}{CO^2} + \underset{\text{Eau.}}{H^2O} = \underset{\text{Bicarbonate d'ammonium.}}{CO^3 <^{AzH^4}_{H.}}$$

Le bicarbonate d'ammonium réagit sur le sel marin dissous, et donne :

$$\underset{\text{Bicarbonate d'ammonium.}}{CO^3 <^{AzH^4}_{H}} + \underset{\text{Chlorure de sodium.}}{NaCl} = \underset{\text{Bicarbonate de sodium.}}{CO^3 <^{Na}_{H}} + \underset{\text{Chlorure d'ammonium.}}{AzH^4Cl}$$

Le bicarbonate de sodium chauffé se transforme en carbonate neutre de sodium :

$$2\left(CO^3 < {Na \atop H}\right) = CO^3Na^2 + CO^2 + H^2O$$

Bicarbonate de sodium. — Carbonate neutre de sodium. — Gaz carbonique. — Eau.

Le chlorure d'ammonium (AzH^4Cl), traité par la chaux, régénère le gaz ammoniac :

$$2AzH^4Cl + CaO = 2AzH^3 + H^2O + CaCl^2$$

Chlorure d'ammonium. — Chaux. — Gaz ammoniac. — Eau. — Chlorure de calcium.

L'ammoniaque revient à l'état de bicarbonate d'ammonium par l'action d'un courant de gaz carbonique en présence de l'eau.

Le gaz carbonique employé provient de la décomposition des cristaux de bicarbonate de sodium, sous l'action de la chaleur; on en produit aussi par la calcination du carbonate de calcium. En somme, cette industrie ne consomme que du chlorure de sodium et du carbonate de calcium.

9. **Propriétés physiques.** — Le carbonate de sodium se présente en cristaux blancs renfermant 63 % de leur poids d'eau, et ayant pour formule $CO^3Na^2 + 10H^2O$. Ces cristaux peuvent perdre 9 molécules d'eau dans l'air sec; on dit qu'ils sont *efflorescents*, car leur surface devenue opaque se recouvre d'une fine poussière ou *fleur*. Ce sel est très soluble dans l'eau et insoluble dans l'alcool.

10. **Propriétés chimiques.** — **Action de la chaleur.** — Sous l'action de la chaleur, les cristaux de carbonate de sodium se déshydratent complètement, ils fondent, mais ne se décomposent pas.

Action des acides. — Le gaz carbonique se combine facilement avec ce sel et le transforme en bicarbonate.

Les autres acides le décomposent, en chassant le gaz carbonique.

11. **Usages.** — Le carbonate de sodium sert à préparer la soude à la chaux; il est aussi l'une des sources du sodium métallique. L'industrie l'emploie pour la fabrication des

savons durs et du verre à bouteille, le blanchiment des laines et du linge, etc. La dissolution de carbonate de sodium s'emploie pour saturer les acides.

12. Bicarbonate de sodium : CO^3NaH. — Préparation. — On prépare le bicarbonate de sodium en faisant passer un courant d'anhydride carbonique sur du carbonate neutre pulvérisé, ou dissous.

$$\underset{\text{Carbonate de sodium.}}{CO^3Na^2} + \underset{\text{Eau.}}{10H^2O} + \underset{\text{Gaz carbonique.}}{CO^2} = \underset{\text{Bicarbonate de sodium.}}{2CO^3NaH} + \underset{\text{Eau.}}{9H^2O}$$

A Vichy, cette opération se fait avec le gaz carbonique des sources. On fait arriver ce gaz dans de grandes chambres, où il attaque les cristaux de carbonate neutre disposés sur des toiles.

Propriétés. — Le bicarbonate de sodium est un sel blanc, d'une saveur alcaline, peu soluble dans l'eau froide. La chaleur le transforme en carbonate neutre, CO^3Na^2. Il existe en dissolution dans les eaux de *Vals* (Ardèche) et de *Vichy* (Allier).

La solution de bicarbonate, très riche en gaz carbonique, abandonne celui-ci par ébullition : 1^{gr} de bicarbonate dégage 260^{cc} de gaz carbonique, aussi emploie-t-on ce produit pour préparer l'eau de Seltz artificielle. La médecine l'emploie contre les maux d'estomac.

RÉSUMÉ

On distingue : les soudes *naturelles*, qui proviennent de l'incinération des végétaux marins, et les soudes *artificielles*. Ces dernières sont préparées : soit par le procédé *Leblanc*, qui transforme le chlorure de sodium d'abord en sulfate, puis en carbonate; soit par le procédé *Solvay*, qui transforme plus économiquement le chlorure de sodium en carbonate, sans passer par le sulfate.

Le carbonate de sodium est en cristaux blancs, renfermant dix molécules d'eau; il en peut perdre neuf à l'air et la dixième par la chaleur. Il fixe le gaz carbonique et se transforme en bicarbonate de sodium. Les acides le décomposent avec effervescence.

L'industrie des savons et celle des verres l'utilisent.

Le *bicarbonate de sodium*, préparé par l'action du gaz carbonique sur le carbonate neutre, est un corps blanc qui se transforme facilement par la chaleur en carbonate neutre.

La dissolution de bicarbonate abandonne à l'ébullition une grande quantité de gaz carbonique.

CHAPITRE III

CALCAIRES, CHAUX, MORTIERS, CIMENT ET PLATRE

§ I. — Calcaires ou carbonates de chaux.

13. État naturel. — Les calcaires sont très répandus dans la nature.

Cristallisés, ils constituent le *spath d'Islande*, corps *biréfringent* (c'est-à-dire qu'un objet est vu double par transparence), et l'*aragonite*. Le calcaire grossier (pierre de taille, pierre à bâtir), la *craie*, le *marbre*, la *pierre à chaux*, la *pierre lithographique*, sont du carbonate de calcium amorphe. Nous trouvons également le calcaire dans la constitution des os des animaux vertébrés.

14. Propriétés. — Le carbonate de calcium est décomposable par la chaleur en gaz carbonique (CO^2) et en chaux (CaO). Il est pratiquement insoluble dans l'eau pure, mais se dissout, en quantité appréciable, dans une eau chargée de gaz carbonique.

Comme les eaux de pluie qui alimentent les sources renferment de l'acide carbonique, ces eaux dissolvent le calcaire dans les terrains qu'elles traversent, de sorte que presque toutes les eaux naturelles renferment du carbonate de calcium. Aussi les eaux de source chauffées à l'ébullition se troublent-elles grâce à la présence du carbonate qui se précipite quand le gaz carbonique est chassé par la chaleur. Si une eau renferme une proportion de carbonate plus forte que d'ordinaire, elle perd du calcaire à l'air; c'est le cas des sources incrustantes.

Les eaux peuvent encore déposer du carbonate de calcium en s'évaporant, c'est l'origine des stalactites et des stalagmites.

Le carbonate de calcium est soluble dans presque tous les

acides; et, par conséquent, il peut servir à préparer presque tous les sels de calcium.

15. Usages. — Le calcaire grossier est utilisé pour les constructions ordinaires; la craie et le marbre, pour les ornementations.

Dans les laboratoires, on prépare le gaz carbonique en attaquant la craie ou le marbre par un acide.

L'industrie emploie le calcaire dans la préparation d'un grand nombre de corps : gaz carbonique, chaux, carbonate de sodium, etc.

§ II. — Chaux : CaO.

16. Préparation. — La chaux s'obtient par la calcination du carbonate de calcium, qui se décompose en gaz carbonique CO^2, et en chaux CaO :

$$\underset{\text{Carbonate de calcium.}}{CO^3Ca} = \underset{\text{Chaux.}}{CaO} + \underset{\text{Gaz carbonique.}}{CO^2}$$

Dans les *laboratoires*, on prépare la chaux chimiquement pure, en décomposant le carbonate de calcium pur. La préparation industrielle se produit dans des fours analogues à celui de la figure 6, appelés *fours à chaux*, et dans lesquels on chauffe du *calcaire* au rouge vif : il se dégage du gaz carbonique, et il reste de la chaux vive.

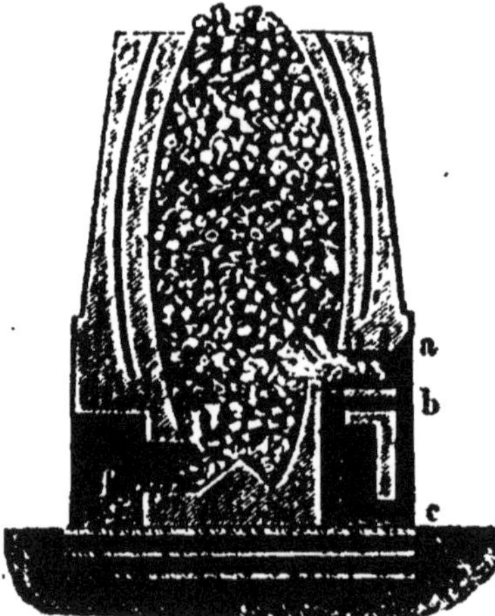

Fig. 6.
Four à chaux, à production continue.

17. Propriétés. — 1° La chaux pure est une substance très caustique, infusible à la température du chalumeau à gaz oxhydrique; c'est pourquoi l'on peut fondre le platine dans un creuset en chaux.

Lorsqu'on chauffe la chaux à l'aide du chalumeau, elle prend un éclat éblouissant, utilisé dans la lumière de Drummond. La chaux s'unit à l'eau, avec un grand dégagement de chaleur, en formant l'hydrate $Ca(OH)^2$. Si l'on ajoute une plus grande quantité d'eau, on a un lait de chaux. La chaux est peu soluble dans l'eau, mais est très soluble dans une dissolution de sucre.

2° Les propriétés de la chaux, préparée industriellement, dépendent du degré de pureté des calcaires employés. On distingue les *chaux aériennes* et les *chaux hydrauliques.*

La chaux aérienne est *grasse* quand elle provient de calcaires presque purs; elle est alors blanche et forme, avec l'eau, une pâte liante et onctueuse. Elle est *maigre* quand le calcaire renferme un peu d'argile ou d'autres substances; elle est alors gris jaunâtre et donne, avec l'eau, une pâte peu liante.

La *chaux hydraulique,* ainsi appelée parce qu'elle durcit sous l'eau, provient de calcaires renfermant de 10 à 30 % d'argile.

18. Usages. — On emploie la chaux dans la fabrication des bougies pour saponifier les matières grasses, dans la préparation du sucre, de l'ammoniaque, des alcalis caustiques, etc... Mais son principal usage est la préparation des *mortiers.*

§ III. — Mortiers et ciments.

19. Mortiers. — *On appelle mortiers des mélanges de chaux, de sable et d'eau, destinés à relier entre eux les matériaux de construction.* — Ces mélanges durcissent peu à peu à l'air, et forment une matière qui acquiert une grande adhérence avec les matériaux à unir. Pendant la dessiccation, la chaux subit un retrait, qui laisserait un vide entre les parties soudées par le mortier, si l'on n'avait pas eu soin de parer à cet inconvénient en ajoutant du sable au mélange de chaux et d'eau.

Les mortiers hydrauliques durcissent rapidement sous l'eau, parce que l'argile privée d'eau par calcination tend à s'hydrater pour former des composés durs et insolubles (silicate de calcium et d'aluminium).

Le *béton* est un mélange de chaux hydraulique, de cailloux et de sable. On l'emploie dans les fondations des bâtiments et dans la construction des piles de pont.

20. Ciments. — Les ciments sont des chaux très hydrauliques ; on les divise en deux catégories : les ciments *à prise rapide,* et les ciments *à prise lente.*

a) **Ciments à prise rapide.** — Les ciments à prise rapide sont des chaux hydrauliques, provenant de la calcination de calcaires qui renferment de 30 à 60 °/₀ d'argile. Ces ciments, gâchés avec de l'eau, se solidifient beaucoup plus vite que les chaux hydrauliques ordinaires; quelques heures suffisent.

b) **Ciments à prise lente.** — On désigne sous le nom de ciments à prise lente, des ciments qu'on obtient par la calcination de calcaires renfermant de 77 à 79 °/₀ de carbonate de calcium et de 23 à 21 °/₀ d'argile; dans cette calcination, la température doit être suffisamment élevée pour que les matières éprouvent un commencement de vitrification.

Ces ciments, forcément artificiels, donnent des mortiers d'une solidité à toute épreuve et d'une inaltérabilité remarquable.

§ IV. — Sulfate de calcium ou Plâtre : SO^4Ca.

21. État naturel. — Le sulfate de calcium est un produit naturel très abondant; il constitue le *gypse* ou pierre à plâtre, qui existe en gisements considérables dans les terrains tertiaires. Ces gisements sont du sulfate de calcium hydraté ayant pour composition : $SO^4Ca, 2H^2O$.

On le rencontre quelquefois cristallisé en masses lenticulaires dont le clivage présente la forme d'un fer de lance, d'où son nom de *gypse, pierre de lance* (fig. 7).

Fig. 7.
Gypse, pierre de lance.

Il existe une variété translucide, appelée *albâtre gypseux*.

22. **Préparation.** — Dans l'industrie, le sulfate anhydre se prépare en chauffant le gypse à 130° dans des fours spéciaux (fours à plâtre).

Ces fours sont des bâtiments en maçonnerie couverts d'un toit léger. Sur des voûtes, formées avec de gros morceaux de gypse, sont entassés des morceaux plus petits (fig. 8). Un feu allumé sous ces voûtes y est maintenu pendant quelque temps.

Fig. 8. — Four à plâtre.

Les pierres déshydratées sont retirées du four, écrasées et broyées au moulin; le plâtre obtenu est ensuite tamisé et conservé dans des sacs à l'abri de l'humidité.

Four Duménil. — La température de déshydratation se règle facilement avec les *fours Duménil* (fig. 9).

Ces fours sont voûtés dans leur partie supérieure. Afin de chasser l'eau plus promptement, on admet l'air en quan-

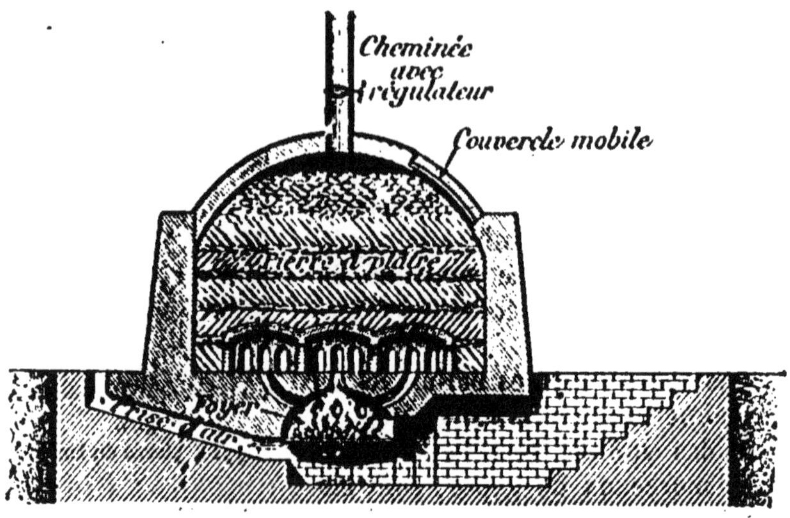

Fig. 9. — Four Dumésnil.

tité : cet air s'échauffe en traversant le combustible enflammé, se distribue ensuite à travers les interstices des pierres à plâtre, et enlève leur vapeur d'eau.

23. **Propriétés.** — Le sulfate de calcium est peu soluble dans l'eau ordinaire, qui n'en dissout que 2gr par litre; mais il est plus soluble dans l'eau acidulée.

Une légère quantité de sulfate de calcium dissoute dans l'eau suffit pour rendre l'eau, dite alors *séléniteuse*, impropre à la boisson, à la cuisson des légumes et au savonnage.

La propriété la plus importante de ce sel est sa manière de se comporter sous l'influence de la chaleur. Chauffé à 130°, il perd son eau et devient anhydre; mais il conserve la propriété de se recombiner avec l'eau; au contraire, si on a chauffé au-dessus de 170°, il perd ce pouvoir et reste anhydre : on dit alors que le plâtre est brûlé.

Le sulfate de calcium déshydraté constitue le plâtre, qui, mêlé avec l'eau, se prend en une masse solide avec augmentation de volume. L'eau employée pour gâcher le plâtre entre en combinaison avec lui : le plâtre *fait prise avec l'eau.*

24. **Usages.** — Le plâtre est utilisé dans les constructions (plafonds, murs d'intérieur, cloisons, moulures); pour faire des moules, des empreintes, dont les détails sont d'autant mieux marqués que le plâtre est plus pur.

En délayant le plâtre avec une dissolution aqueuse de gélatine, on obtient le *stuc*, produit dur, susceptible d'un beau poli.

L'agriculture l'utilise pour amender les prairies artificielles. On s'en sert aussi pour plâtrer les vins médiocres et assurer leur conservation.

RÉSUMÉ

Les **calcaires** sont très répandus dans la nature, soit cristallisés spath d'Islande, aragonite; soit amorphes : craie, marbre, pierre à chaux, pierre lithographique, etc.

Ils se décomposent par la chaleur en chaux et gaz carbonique.

Le carbonate de calcium, insoluble dans l'eau pure, se dissout dans l'eau chargée de gaz carbonique; ceci explique le trouble des eaux de source portées à l'ébullition.

Une eau qui renferme plus de carbonate de calcium que les eaux naturelles devient incrustante. Par évaporation, les eaux carbonatées abandonnent le calcaire dissous; c'est l'origine des stalactites et des stalagmites.

Les calcaires servent à préparer les sels de calcium; ils sont utilisés dans les constructions et dans la préparation de certains produits industriels.

La **chaux** s'obtient par la calcination des calcaires. Elle est caustique, infusible à la température de nos fourneaux, peu soluble dans l'eau, mais assez soluble dans une solution sucrée.

Suivant le degré de pureté des calcaires employés, on obtient : les chaux *grasses*, formant avec l'eau une pâte liante et onctueuse; les chaux *maigres*, donnant une pâte peu liante; les chaux *hydrauliques*, durcissant sous l'eau.

La chaux est utilisée pour saponifier les matières grasses, préparer le sucre, l'ammoniaque, les alcalis caustiques et surtout les mortiers.

Les **mortiers** sont des mélanges de chaux, de sable et d'eau, employés pour unir entre eux les matériaux de construction.

Un mélange d'eau, de cailloux, de chaux hydraulique et de sable, constitue le *béton*.

Les **ciments** sont des chaux très hydrauliques; on les divise en ciments à *prise lente* et ciments à *prise rapide;* ces derniers proviennent de calcaires renfermant de 30 à 60 % d'argile. Les premiers sont obtenus par la calcination de calcaires contenant de 21 à 23 % d'argile; ils donnent des mortiers durs et inaltérables.

Le sulfate de calcium hydraté est un produit naturel très abondant, connu sous le nom de *gypse.* On prépare le plâtre en déshydratant le gypse dans des fours spéciaux (fours à plâtre et fours Duménil).

Le sulfate de calcium est peu soluble dans l'eau ordinaire, dont 1l n'en dissout que 2gr, quantité pourtant suffisante pour rendre l'eau *séléniteuse* impropre à la boisson, à la cuisson des légumes et au savonnage.

Chauffé à 130°, le sulfate de calcium perd son eau, mais conserve la propriété de se recombiner avec elle, si la température de déshydratation n'a pas dépassé 170°.

Mêlé à l'eau, le plâtre se prend en masse; il est utilisé pour les constructions et pour le moulage.

Gâché avec la gélatine, il forme le *stuc.*

L'agriculture l'emploie comme amendement des prairies artificielles. La conservation des vins est assurée par le plâtrage.

CHAPITRE IV

MINERAIS OXYDÉS ET SULFURÉS

25. Minerais métalliques. — Les métaux, à l'exception des métaux précieux : or, argent, mercure, etc., ne se trouvent pas dans la nature à l'*état natif,* c'est-à-dire à l'état de pureté. On les rencontre le plus souvent sous forme de corps complexes, appelés *minerais.* Les *minerais* sont un mélange de matières terreuses (gangue) avec des combinaisons entre métaux et métalloïdes. Parmi ces minerais, les plus importants sont les minerais *oxydés* et les minerais *sulfurés.*

L'industrie qui s'occupe d'extraire les métaux de leurs *combinaisons naturelles* s'appelle *métallurgie.*

§ I. — Minerais oxydés.

26. Méthode générale de traitement. — La méthode générale du traitement d'un minerai *oxydé* comprend deux parties :

1° La séparation de la gangue d'avec l'oxyde métallique; c'est un traitement mécanique.

2° L'extraction du métal de l'oxyde; c'est une opération chimique.

1° Traitement mécanique. — Le traitement mécanique comprend trois opérations distinctes : le *triage*, le *bocardage* et le *lavage*. Le *triage* sépare la masse en trois tas : le premier, presque exclusivement composé de gangue, est rejeté; le second, formé d'oxyde presque pur, est directement soumis au traitement chimique; le troisième tas renferme un mélange d'oxyde et de gangue. Cette dernière partie, la seule qui soit soumise aux deux autres opérations du traitement mécanique, est broyée, puis lavée par un courant d'eau. L'eau entraîne une grande partie de la gangue, qui est plus légère que l'oxyde.

2° Traitement chimique. — Les oxydes métalliques sont mélangés avec du charbon et portés à une température élevée. Le charbon réduit l'oxyde, et l'on obtient soit le *métal fondu*, soit le *métal carburé*, c'est-à-dire combiné avec un excès de carbone. On retirera le métal de ce composé.

Le traitement chimique des minerais est souvent précédé du grillage : opération qui a pour but de chasser l'eau et de transformer en oxydes les sulfures et les carbonates mélangés à l'oxyde métallique.

§ II. — Minerais sulfurés.

27. État naturel. — Les minerais sulfurés sont très répandus dans la nature. Quelques-uns sont traités pour en extraire les métaux. Tels sont : la *blende*, ou sulfure de zinc; la *galène*, ou sulfure de plomb; le *cinabre*, ou sulfure de mercure; l'*argyrose*, ou sulfure d'argent.

28. Méthode générale de traitement des mine-

rais sulfurés. — 1° Traitement mécanique. — Les minerais *sulfurés* subissent le même traitement mécanique que les minerais *oxydés*.

2° Traitement chimique. — Le traitement chimique consiste dans des *grillages* à l'air. Une partie du soufre se dégage à l'état de gaz sulfureux. Toutefois l'action de l'air ne se borne pas toujours à la désulfuration du métal; on obtient ou le *métal*, c'est le cas du cinabre; ou l'*oxyde* métallique, qui est ensuite réduit par le charbon; ou même le *sulfate*. Aussi le traitement des minerais sulfurés est généralement plus compliqué que celui des minerais oxydés.

RÉSUMÉ

Les métaux, excepté l'or, l'argent, le mercure, le platine, ne se trouvent dans la nature qu'à l'état de **minerais**, mélanges de matières terreuses, métalloïdes et métaux.

Les minerais les plus importants sont des *oxydes* et des *sulfures*.

Les minerais *oxydés* sont soumis d'abord à un traitement mécanique qui les sépare de la gangue; puis à une réduction, par le charbon, sous l'action de la chaleur.

Les minerais *sulfurés* subissent le même traitement mécanique que les oxydés; mais le traitement chimique comprend souvent deux opérations successives : grillage à l'air et réduction par le charbon.

L'industrie qui s'occupe d'extraire les métaux de leurs *combinaisons naturelles* s'appelle *métallurgie*.

CHAPITRE V

FER. FONTES. ACIERS

§ I. — Fer, Fe = 56.

29. État naturel. — Le fer se rencontre rarement à l'*état natif* dans la nature; mais on le trouve souvent à l'état d'oxyde magnétique, de sesquioxyde (*fer oligiste*, hématite rouge ou brune), de carbonate (*fer spathique*), de sulfure (*pyrite*). Le sulfure n'est pas employé en métallurgie, parce qu'il fournit un fer difficile à purifier.

30. **Métallurgie du fer.** — La réduction du minerai de fer s'effectue par la *méthode catalane* ou par la méthode des *hauts-fourneaux*.

Méthode catalane. — Le four catalan (fig. 10) se com-

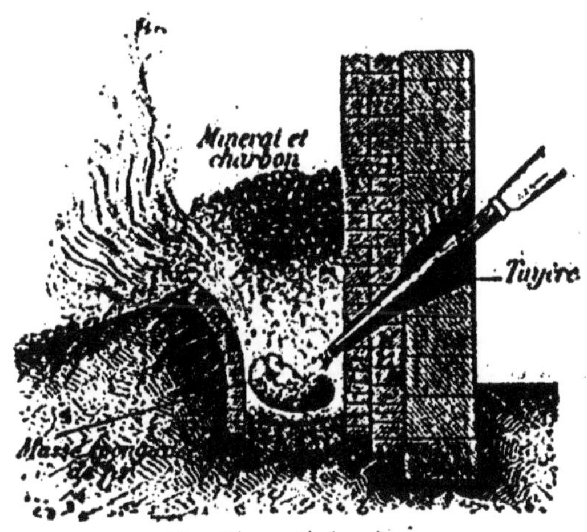

Fig. 10. — Four catalan.

pose d'un creuset en briques réfractaires, dans lequel on fait arriver un courant d'air. On remplit le creuset de charbon de bois qu'on allume, et on le recouvre de minerai. Il se forme de l'oxyde de carbone qui réduit le minerai, et le fer en fusion tombe au fond du creuset, en une masse spongieuse, que l'on soumet ensuite au martelage pour la rendre compacte. Cette méthode ne donne que le tiers du fer contenu dans le minerai, parce qu'une partie de l'oxyde de fer échappe à la réduction, se combinant à la silice du minerai pour former un silicate de fer et d'aluminium, qui est la *scorie*. Le four catalan n'est employé que pour les minerais riches, dans les pays où le combustible est abondant et les transports difficiles.

Méthode des hauts-fourneaux. — L'intérieur d'un haut-fourneau présente la forme de deux troncs de cône réunis par leur grande base (fig. 11). Le cône supérieur, ou *cuve*, se termine par une embouchure, le *gueulard*. Le cône

Fig. 11. — Haut-fourneau.

En A, les matières introduites dans le haut-fourneau se dessèchent; en B, le charbon réduit le minerai et donne du fer, lequel descend en G, où, sous l'influence de la haute température qui y règne, il se combine avec du carbone et du silicium pour former de la *fonte*, tandis que la gangue donne, avec le fondant, le *laitier*, qui surnage et s'écoule par l'orifice qui est en H; la fonte s'accumule dans le creuse' K. — Les gaz chauds et combustibles qui se dégagent du haut-fourneau sont aspirés par le tuyau T, et servent à chauffer l'air lancé en S par la tuyère.

inférieur constitue les *étalages* et se termine par un cylindre, l'*ouvrage*, où débouchent les *tuyères;* le fond de ce cylindre est le *creuset*, fermé en avant par une pierre appelée *dame*.

Le haut-fourneau est revêtu intérieurement de briques réfractaires; on lui donne une hauteur de vingt mètres environ. On introduit d'abord du combustible qu'on allume, puis on achève de le remplir avec des couches alternatives de minerai, de fondant et de charbon. Le fondant est calcaire (*castine*), si le minerai est siliceux; et siliceux (*erbue*), si le minerai est calcaire.

Des machines soufflantes envoient, par les tuyères, de l'air à la partie inférieure de l'*ouvrage*.

Les réactions sont identiques à celles de la méthode précédente. A la partie supérieure de la cuve, le minerai se déshydrate, s'échauffe et arrive au rouge sombre (400°) dans la région inférieure de la cuve. Là, il est réduit par l'oxyde de carbone qui monte du foyer de combustion. Le foyer fournit de l'anhydride carbonique; mais, en présence d'un excès de charbon, ce gaz devient de l'oxyde de carbone. Le fer réduit descend dans les étalages, où la température est de 1000 à 1200°; la gangue passe à l'état de silicate d'aluminium et de calcium (*laitier*), et le fer se combine au charbon (*fonte*). La fonte et le laitier se liquéfient dans l'ouvrage, où la température est de 1200 à 2000°, puis ils tombent dans le creuset; le laitier, plus léger, surnage. Dès qu'il déborde la dame, il s'écoule sur un plan incliné, d'où on l'enlève à mesure qu'il se solidifie. Quand le creuset est rempli, on fait écouler la fonte et on la coule en demi-cylindres, qu'on appelle *gueuses* ou *gueusets*.

Les gaz chauds qui sortent du gueulard sont composés principalement d'oxyde de carbone; on les fait brûler dans des chambres en tôle garnies intérieurement de briques réfractaires (récupérateurs Witwell). Les résidus s'échappent par une cheminée d'appel. Quand la masse des briques réfractaires est suffisamment échauffée, on ferme toutes les issues et on ouvre une tubulure qui donne accès à l'air d'une machine soufflante; cet air s'échauffe en parcourant les chambres, et arrive à la température du rouge aux tuyaux du haut-fourneau.

Haut-fourneau électrique. — La métallurgie du fer semble devoir entrer sous peu dans une phase nouvelle, grâce à l'extension des usages de l'électricité.

Bien des systèmes de hauts-fourneaux électriques ont été essayés. Celui inventé par le capitaine italien *Stassano*, fonctionne actuellement à Darfo (Italie).

Ce four (fig. 12) est à manche et à base fixe; le trou de coulée se trouve à une petite distance au-dessus de la base. Toute la chaleur est fournie par l'arc électrique jaillissant, entre deux électrodes de charbon

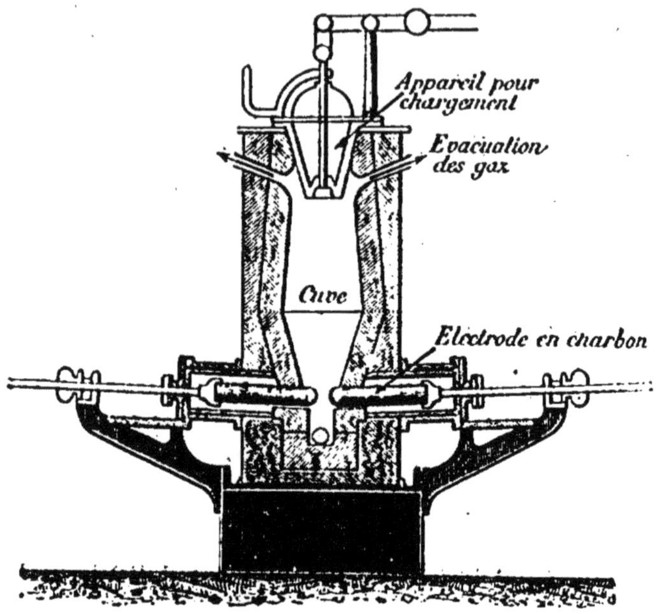

Fig. 12. — Haut-fourneau électrique, système *Stassant*

qui pénètrent à la partie inférieure de la cuve. Le charbon n'intervient donc que pour la réduction, d'où une grande économie.

Pour traiter le minerai, on commence par le laver soigneusement, après l'avoir au préalable trié, pulvérisé et tamisé; puis on y ajoute la quantité de fondant (castine) juste nécessaire. Le produit obtenu est ensuite humecté et soumis à une forte pression; il en résulte une espèce de tourteau que l'on concasse en grains à peu près réguliers. Cette matière, mélangée au charbon, est introduite dans la cuve par l'appareil de chargement.

Un axe creux, légèrement incliné par rapport à la verticale, sert à faire tourner l'ensemble du fourneau; ce qui produit un brassage mécanique des matières en présence, et amène de l'air.

31. Propriétés physiques. — Le fer est un métal blanc grisâtre, ductile, malléable et très tenace, fusible vers 1500 degrés. Chauffé au rouge blanc, il devient pâteux et se soude à lui-même. Le martelage le rend fibreux; les vibrations, les chocs répétés rendent sa structure cristalline; il devient alors cassant; c'est ce qui occasionne parfois la rupture des essieux de wagons.

Le fer est attiré par l'aimant; ce métal acquiert lui-même les propriétés de l'aimant, s'il est soumis à l'influence d'un champ magnétique.

Sa densité, variable avec le martelage et le laminage, est voisine de 7,84.

32. Propriétés chimiques. — Action de l'air. — Le fer est inaltérable dans l'air sec; dans l'air humide, il se convertit en sesquioxyde de fer hydraté (*rouille*). On prévient son oxydation par la *galvanisation* (action d'allier le fer au zinc), l'*étamage* (action de le recouvrir d'étain), ou la *peinture à l'huile*.

Au rouge, le fer brûle dans l'air, en se transformant en oxyde magnétique, Fe^3O^4.

Action des métalloïdes. — Le fer se combine à tous les métalloïdes, excepté avec l'*azote*. Légèrement chauffé et introduit dans un flacon plein d'oxygène, le fer brûle en lançant des étincelles brillantes (fig. 13); le résidu de la combustion est de l'oxyde magnétique.

Fig. 13. — Combustion du fer dans l'oxygène.

Nous avons vu que le fer se combine au soufre avec un grand dégagement de chaleur (volcan de Lémery).

Action de l'eau. — La vapeur d'eau est décomposée par le fer au rouge; il se forme de l'oxyde magnétique, et de l'hydrogène se dégage; propriété déjà signalée à propos de ce dernier gaz. La réaction est :

$$\underset{\text{Eau.}}{4H^2O} + \underset{\text{Fer.}}{3Fe} = \underset{\text{Oxyde magnétique.}}{Fe^3O^4} + \underset{\text{Hydrogène.}}{4H^2}$$

Action des acides. — Le fer est attaqué par les acides sulfurique et chlorhydrique étendus; il se forme des sels de fer avec dégagement d'hydrogène. On a les réactions :

$$\underset{\text{Fer.}}{Fe} + \underset{\text{Acide chlorhydrique.}}{2HCl} = \underset{\text{Chlorure de fer.}}{FeCl^2} + \underset{\text{Hydrogène.}}{H^2}$$

$$\underset{\text{Fer.}}{Fe} + \underset{\text{Acide sulfurique.}}{SO^4H^2} = \underset{\text{Sulfate de fer.}}{SO^4Fe} + \underset{\text{Hydrogène.}}{H^2}$$

L'acide azotique ordinaire attaque le fer très vivement; mais l'acide azotique pur rend le fer *passif*, c'est-à-dire l'empêche d'être attaqué par l'acide étendu.

33. **Usages.** — Le fer pur est transformé par le laminage en plaques minces, appelées *tôle*. La tôle épaisse est utilisée pour la fabrication des chaudières à vapeur ou des réservoirs pour l'eau, le pétrole, etc.; la tôle très mince est transformée en fer-blanc (c'est-à-dire trempée dans de l'étain fondu), ou employée pour la confection des tuyaux de poêle, de boîtes métalliques de toutes formes, etc.

§ II. — Fontes.

34. **Propriétés générales.** — Les *fontes* sont des *carbures de fer*, contenant de 3 à 6 % de carbone.

On distingue la *fonte blanche* et la *fonte grise*.

La *fonte blanche*, obtenue par refroidissement brusque, est cassante. Elle fond à 1100° et reste pâteuse.

La *fonte grise* est obtenue par un refroidissement lent; il se forme alors des paillettes de graphite noyées dans le métal et qui lui donnent sa couleur. Cette fonte est moins dure et moins cassante que la fonte blanche, et se laisse travailler facilement. Elle fond à une température plus élevée que la fonte blanche, mais devient très fluide.

35. **Usages des fontes.** — La fonte blanche est employée pour fabriquer le fer doux et l'acier.

La fonte grise, employée dans le moulage, sert à fabriquer

des colonnes, des récipients, des bâtis de machines, des roues, des poêles, des conduites d'eau et de gaz, etc.

36. **Fer doux.** — Le *fer doux* est du fer pur. On l'obtient en décarburant la fonte (*affinage*). Pour cela, on chauffe la fonte blanche dans un fort courant d'air; le charbon de la fonte se transforme en anhydride carbonique, et il reste du fer pur.

Affinage. — L'affinage de la fonte se fait par deux méthodes : le procédé *comtois* et le *puddlage*.

Dans le procédé *comtois*, on se sert d'un four analogue à celui des forges ordinaires. Le foyer est une cavité carrée qu'on remplit de charbon allumé, dont la combustion est activée par une tuyère. La fonte, placée sur le combustible, se liquéfie; le carbone qu'elle contient brûle en passant devant la tuyère. La masse qui tombe au fond est reprise, et on la soumet plusieurs fois à la même opération. On obtient finalement une masse unique de fer à peu près pur.

Le *puddlage*, procédé *anglais*, s'effectue dans un four

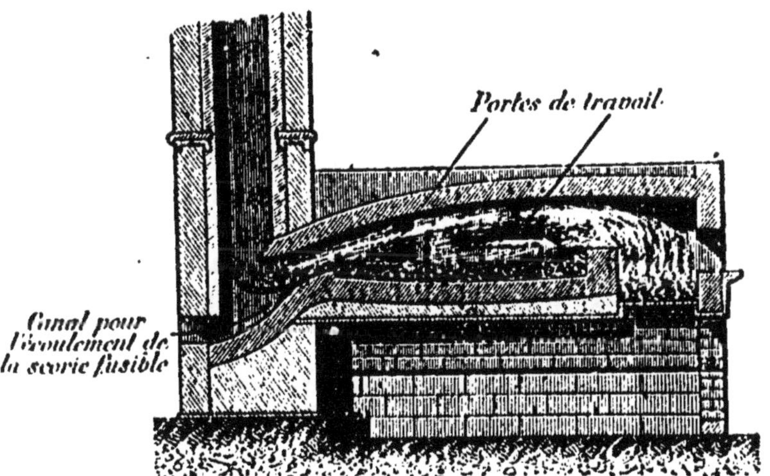

Fig. 14. — Four à puddler.

à réverbère (*four à puddler*) (fig. 14). On chauffe ce four au rouge blanc, puis on introduit la fonte avec le quart de son poids de battitures de fer (on nomme ainsi l'oxyde qui se détache quand on martèle le fer incandescent). Le métal fond, l'oxygène des battitures convertit le carbone en oxyde de carbone, qui brûle en flammes bleues. La masse devient de plus en plus pâteuse; on la réunit en boules ou loupes, qu'on retire et qu'on martèle pour en extraire la scorie.

Ce procédé est extrêmement pénible pour l'ouvrier chargé de brasser la masse, et obligé de rester plusieurs heures les yeux fixés sur une masse chauffée au rouge blanc. On y substitue le puddlage mécanique, en plaçant la fonte dans un cylindre à axe horizontal tournant sur lui-même.

§ II. — Acier.

L'*acier* est du fer carburé qui contient de 0,5 à 2 % de carbone. Il est plus ductile, plus élastique que le fer pur.

37. **Acier de forge** ou *acier puddlé*. — L'acier puddlé s'obtient en décarburant partiellement la fonte par le charbon de bois ou la houille. Il faut suivre l'opération avec soin, pour éviter la décarburation complète.

38. **Acier de cémentation.** — L'acier de cémentation provient de la carburation du fer doux. A cet effet on chauffe, dans des caisses en briques réfractaires, des couches alternatives de fer doux et d'un *cément*, formé d'un mélange intime de charbon de bois, de cendre et de sel marin.

L'**acier fondu** s'obtient par la fusion, dans des creusets ou dans des cornues, de l'un ou de l'autre des deux aciers précédents. L'acier fondu est très homogène.

39. **Acier Bessemer.** — L'acier *Bessemer* (fig. 15) s'obtient en décarburant la fonte et en recarburant un peu le fer pur. Pour cela on introduit dans une cornue mobile, ou *convertisseur*, de vingt à trente tonnes de fonte liquide. Dans

la masse fondue, on lance un courant d'air énergique qui brûle toutes les matières oxydables : *carbone, silicium,*

Fig. 15. — Fabrication de l'acier Bessemer.

phosphore. On incline ensuite la cornue, pour y introduire de la fonte en proportion convenable. Le charbon de cette fonte se répartit dans toute la masse et donne de l'acier.

40. Procédé Martin. — Le procédé *Martin* consiste à ajouter à la fonte, maintenue en fusion dans une atmosphère oxydante, une certaine quantité de fer. L'addition du fer diminue la proportion du carbone dans le mélange, et l'atmosphère oxydante brûle une partie du carbone pendant l'opération.

41. Propriétés et usages de l'acier. — Les propriétés de l'acier varient avec sa composition. Tous les aciers sont brillants, d'une texture grenue, d'une densité inférieure à celle du fer. Leur point de fusion est intermédiaire entre ceux du fer et de la fonte.

L'acier, chauffé au rouge et plongé brusquement dans l'eau ou dans l'huile, donne l'acier *trempé,* très dur et très élastique. On l'emploie dans la fabrication des fusils, des canons, des machines, des instruments de coutellerie et de chirurgie, des ressorts de montre, des laminoirs, des coins des monnaies, etc. Pour les rails des chemins de fer, on emploie l'acier *Bessemer;* pour les bandages et les ressorts de wagons, des aciers où le fer est allié à des métaux durs comme le chrome ou le tungstène. L'acier *puddlé* sert pour la fabrication des armes : sabres, épées; l'acier de cémentation est employé pour fabriquer des outils : limes, rabots, couteaux de poche.

RÉSUMÉ

Le **fer** se rencontre surtout dans la nature à l'état d'*oxyde,* de *carbonate* ou de *sulfure.* Les minerais employés sont les oxydes et les carbonates. Le fer s'extrait des oxydes soit par la méthode *catalane,* soit par celle des *hauts-fourneaux.* Cette dernière donne un rendement plus avantageux.

Les hauts-fourneaux électriques ne tarderont pas à transformer la métallurgie du fer. Le four Stassano est actuellement employé en Italie.

Le fer est un métal grisâtre, malléable et très tenace, fusible à 1500°, d'une densité qui augmente par le martelage. Au rouge blanc, il devient pâteux et se soude à lui-même. Il s'aimante sous l'action d'un courant électrique. Les chocs répétés le rendent cassant.

Il se rouille dans l'air humide; on empêche l'oxydation par une couche de zinc, d'étain ou de peinture.

Il se combine à tous les métalloïdes, excepté à l'azote. Ainsi, lorsqu'il est chauffé, il brûle dans l'oxygène. Au rouge, il décompose la vapeur d'eau en s'emparant de l'oxygène.

Il se dissout dans les acides sulfurique, chlorhydrique et azotique étendu. Mais l'acide azotique fumant le rend passif, c'est-à-dire l'empêche d'être attaqué par l'acide étendu.

Le laminage transforme le fer en plaques minces, employées sous le nom de tôle, pour la fabrication des réservoirs et des chaudières, ou, si la plaque est très mince, du fer blanc, des tuyaux de poêle, etc.

Les **fontes** sont des carbures de fer contenant de 3 à 6 % de carbone. On distingue : la *fonte blanche,* obtenue par refroidissement *brusque,* elle est cassante et reste pâteuse à la température de fusion; la *fonte grise,* qui se produit dans le refroidissement *lent,* elle se laisse travailler facilement, et devient très fluide par fusion.

La première sert à préparer le fer doux et l'acier; la seconde est utilisée dans le moulage.

Le *fer doux* est obtenu en décarburant le fer, soit dans le *four comtois,* soit dans le *four à puddler.*

L'acier est du fer carburé qui contient de 0,5 à 2 % de carbone. On l'obtient soit en décarburant partiellement la fonte par le procédé *Bessemer*, soit en ajoutant à la fonte du fer, comme dans le procédé *Martin*, soit en carburant le fer doux.

Les aciers sont des corps brillants, d'une texture grenue, qui par la trempe acquièrent une grande dureté. Leur point de fusion est intermédiaire entre ceux du fer et de la fonte. L'acier est employé pour faire des ressorts, des couteaux, des instruments de chirurgie, des canons, etc. Pour les rails de chemins de fer, on emploie l'acier Bessemer.

CHAPITRE VI

CUIVRE. ALLIAGES. SULFATE DE CUIVRE

§ I. — Cuivre et alliages.

42. **Extraction.** — Le cuivre se trouve à l'*état natif* sur les bords du lac *Supérieur* aux États-Unis, au *Chili* et au *Pérou*.

Mais on extrait ce métal surtout des *pyrites cuivreuses* (sulfures de cuivre et de fer).

Fig. 16. — Grillage de la pyrite cuivreuse.

On grille la pyrite dans un four à réverbère (fig. 16), afin de transformer les sulfures en oxydes, puis on chauffe fortement le résidu du grillage en présence de matières siliceuses; celles-ci se combinent au fer de la pyrite, pour donner un silicate de fer, qui est la scorie. Il reste une masse riche en cuivre (*matte*). On la fond dans un four à réverbère avec du charbon, et on brasse avec du bois vert, pour accélérer la réduction de l'oxyde. Le métal fondu est ensuite coulé.

Lorsque le minerai est du *carbonate de cuivre,* on le réduit par le charbon : ce qui donne presque immédiatement le cuivre commercial.

Un procédé récent consiste à transformer le sulfure en sulfate par oxydation; puis à retirer, par électrolyse, le cuivre de la solution.

43. Propriétés physiques. — Le cuivre est un métal rouge, brillant, malléable et très ductile, fusible vers 1050°, et brûlant avec une flamme verte. Après le fer, c'est le plus tenace des métaux; sa densité est 8,8. Il est bon conducteur de la chaleur et de l'électricité.

44. Propriétés chimiques. — **Action de l'air.** — Le cuivre ne s'oxyde pas dans l'air sec et froid; mais si on le chauffe au rouge, il se recouvre d'une couche mince d'oxyde cuivrique, CuO. A l'air humide, il se couvre d'une couche verdâtre d'hydrocarbonate de cuivre, appelé *vert-de-gris.* L'oxydation du cuivre à l'air s'opère surtout facilement en présence de l'ammoniaque : on obtient dans ce cas une liqueur bleue (*liqueur de Schweitzer*), qui dissout la cellulose.

Action des acides. — L'acide *chlorhydrique* attaque le cuivre très lentement, même à chaud.

L'acide *sulfurique concentré* attaque vivement le cuivre à chaud; il se forme du sulfate de cuivre, et il se dégage du gaz sulfureux :

$$\underset{\text{Acide sulfurique.}}{2SO^4H^2} + \underset{\text{Cuivre.}}{Cu} = \underset{\text{Sulfate de cuivre.}}{SO^4Cu} + \underset{\text{Eau.}}{2H^2O} + \underset{\text{Gaz sulfureux.}}{SO^2}$$

L'acide *azotique,* même étendu, attaque le cuivre dès la.

température ordinaire. Il se produit de l'azotate de cuivre et de l'oxyde azotique :

$$\underset{\text{Cuivre.}}{3Cu} + \underset{\text{Acide azotique.}}{8AzO^3H} = \underset{\text{Oxyde azotique.}}{2AzO} + \underset{\text{Azotate de cuivre.}}{3\{(AzO^3)^2Cu\}} + \underset{\text{Eau.}}{4H^2O}$$

45. Usages du cuivre. — Alliages. — Le cuivre forme avec l'or et l'argent les alliages monétaires qui seront étudiés dans la suite, et des alliages pour la bijouterie, les vaisselles et les médailles.

Allié au *zinc*, le *cuivre* donne le **laiton** ou cuivre jaune, dont la composition varie avec l'usage auquel on le destine. Il est plus dur que le cuivre et se laisse facilement travailler au marteau. Si l'on ajoute à l'alliage un peu de plomb ou d'étain, on obtient un laiton qui se laisse limer, scier ou travailler au tour.

Les **bronzes** sont des alliages de *cuivre* et d'*étain*. En variant les proportions de ces métaux, on obtient suivant le cas : le *bronze des anciens canons*, le *bronze des monnaies*, le *bronze des cloches*, etc.

On appelle *bronze d'aluminium* un alliage d'un beau jaune, formé de 90 parties de *cuivre* et de 10 parties d'*aluminium*.

Le *cuivre* forme, avec le *zinc* et le *nickel*, un composé appelé *maillechort*, presque inaltérable à l'air, et avec lequel on fabrique des timbales, des couverts de table, etc.

En dehors des alliages, le cuivre est employé pour fabriquer des chaudières, des alambics, des ustensiles de cuisine, des fils conducteurs de l'électricité, etc.

§ II. — Sulfate de cuivre : $SO^4Cu + 5H^2O$.

46. Préparation. — Le sulfate de cuivre se prépare en traitant à chaud les rognures de cuivre, par l'acide sulfurique. Après évaporation lente de la dissolution, le sel se dépose en beaux cristaux bleus.

L'industrie obtient encore du sulfate de cuivre dans l'affinage de l'or par l'acide sulfurique, et dans le grillage des pyrites cuivreuses ; mais le sel obtenu dans ce dernier cas n'est pas pur.

47. Propriétés. — Le sulfate de cuivre, appelé aussi *vitriol bleu* ou *couperose bleue*, est un sel d'une saveur astringente, assez soluble dans l'eau, rougissant la teinture de tournesol.

Si on chauffe les cristaux de sulfate de cuivre, ils se déshydratent et deviennent blancs ; mais au contact de l'eau, ils reprennent la coloration bleue.

48. Usages. — Le sulfate de cuivre est employé pour le *chaulage* des blés, pour préserver la vigne du *black-root*, du *mildiou*, maladie causée par un parasite qui s'attaque aux feuilles ; il entre, avec la chaux, dans la composition de la *bouillie bordelaise* qui sert à traiter les vignes malades.

L'industrie emploie le sulfate de cuivre pour la conservation des bois, la teinture des laines, la préparation du *vert de Scheele*, la galvanoplastie, etc.

RÉSUMÉ

Le **cuivre** se trouve à l'état natif aux États-Unis, au Chili et au Pérou. Le cuivre s'extrait surtout des pyrites cuivreuses, qu'on transforme en oxyde par le grillage. On ajoute ensuite à la masse des matières siliceuses, pour la débarrasser de l'oxyde de fer, et du charbon, pour réduire l'oxyde de cuivre.

Si le minerai employé est du carbonate, on le réduit directement par le charbon.

La méthode électrolytique consiste à transformer par oxydation le sulfure de cuivre en sulfate, puis à faire l'électrolyse de la solution de sulfate.

Le cuivre est un métal rouge, brillant, malléable, très ductile et très tenace. Il se recouvre à l'air humide de vert-de-gris (hydrocarbonate de cuivre). Le cuivre s'oxyde facilement à l'air, en présence de l'ammoniaque. A chaud, l'acide sulfurique le transforme en sulfate de cuivre ; l'acide azotique l'attaque à la température ordinaire.

Le cuivre entre dans une série d'alliages, dont les plus importants sont : le *laiton*, les *bronzes*, le *maillechort*, les alliages des *monnaies*, des *bijouteries* et des *vaisselles*. On l'emploie pour la construction des *chaudières*, les *alambics*, etc. Sa conductibilité électrique le fait rechercher pour les fils conducteurs et les appareils électriques.

Le **sulfate de cuivre**, ou *vitriol bleu*, ou *couperose bleue*, est obtenu en dissolvant à chaud les rognures de cuivre dans l'acide sulfurique. Ce sulfate est soluble dans l'eau ; ses cristaux bleus deviennent blancs sous l'action de la chaleur, mais au contact de l'eau ils reprennent la coloration bleue.

Le sulfate de cuivre est employé pour le chaulage des blés, le traitement des vignes, la conservation du bois, la teinture des laines, la préparation du *vert de Scheele*, la galvanoplastie, etc.

CHAPITRE VII

PLOMB

Symbole : Pb. **Poids atomique : 207.**

49. Extraction. — Le *plomb* s'extrait surtout de la *galène* (sulfure de plomb, PbS), laquelle renferme assez souvent un peu d'argent.

On grille à l'air le sulfure, qui se transforme partiellement en sulfate et en oxyde de plomb, avec dégagement d'anhydride sulfureux :

$$\underset{\text{Sulfure de plomb.}}{PbS} + \underset{\text{Oxygène.}}{2O^2} = \underset{\text{Sulfate de plomb.}}{SO^4Pb}$$

$$\underset{\text{Sulfure de plomb.}}{2PbS} + \underset{\text{Oxygène}}{3O^2} = \underset{\text{Oxyde de plomb.}}{2PbO} + \underset{\text{Anhydride sulfureux.}}{2SO^2}$$

Fig. 17. — Four pour le traitement du minerai de plomb.

Puis on ferme les issues du four (fig. 17) pour interdire

l'accès de l'air. Le soufre du sulfure, non encore transformé, s'empare de l'oxygène du sulfate et de l'oxyde. Il y a de nouveau un abondant dégagement de gaz sulfureux, et il reste du plomb métallique :

$2PbO$	+	PbS	=	$3Pb$	+	SO^2
Oxyde de plomb.		Sulfure de plomb.		Plomb.		Anhydride sulfureux.
$PbSO^4$	+	PbS	=	$2Pb$	+	$2SO^2$
Sulfate de plomb.		Sulfure de plomb.		plomb.		Anhydride sulfureux.

50. Propriétés physiques. — Le *plomb* est un métal gris bleuâtre, malléable, peu tenace, pouvant être rayé par l'ongle; il fond à 335° et dégage des vapeurs au rouge. Il est mauvais conducteur de la chaleur et de l'électricité; sa densité est 11,4.

51. Propriétés chimiques. — **Action de l'air.** — Le plomb s'oxyde rapidement à l'air humide; mais l'oxydation s'arrête à la surface. Lorsque ce métal est chauffé, il se recouvre d'une couche jaune d'oxyde de plomb (massicot).

Action de l'eau. — L'eau *pure* et privée d'air est sans action sur le plomb; mais si l'on met de l'eau pure aérée ou de l'eau de pluie en contact avec ce métal, sa surface se recouvre d'un enduit d'*hydrocarbonate* qui se dissout et rend le liquide impropre à l'alimentation.

En présence d'une eau calcaire ou séléniteuse, il se forme à la surface du plomb un enduit blanc et insoluble de carbonate ou de sulfate, qui protège le métal non attaqué contre l'action de l'eau. Le plomb peut donc être employé, sans danger, pour la distribution des eaux potables.

Action des acides. — Les acides chlorhydrique et sulfurique étendus n'attaquent pas le plomb; mais s'ils sont concentrés, ils l'attaquent à chaud. L'acide azotique dissout le plomb à froid, en dégageant des vapeurs rutilantes.

52. Usages. — Les usages du plomb sont nombreux. Sa malléabilité permet de le réduire en feuilles pour couvrir les toits, doubler les réservoirs, fabriquer des bassines, garnir les chambres employées dans la préparation de l'acide sulfurique, etc. Une certaine quantité de plomb sert à préparer des alliages.

Plomb de chasse. — Lorsqu'une goutte de plomb fondu tombe d'une hauteur assez grande pour que le métal se solidifie avant de toucher le sol, le solide forme une larme. Mais si l'on a introduit dans le plomb liquide une proportion de $\frac{5}{1000}$ en poids d'arsenic, les gouttelettes de métal fondu forment en se solidifiant des grains sphériques.

Pour obtenir le plomb de chasse, on jette le métal fondu additionné d'arsenic sur une passoire à trous ronds, et on recueille les grains solidifiés dans un bassin placé à 50 mètres environ au-dessous de la passoire.

53. **Principaux alliages du plomb.** — **L'alliage des caractères d'imprimerie** est formé de 80 parties de plomb et de 20 parties d'antimoine. Ce composé n'est ni trop dur, ni trop mou; de plus il se dilate en se solidifiant, ce qui accentue mieux les détails du moule.

La **soudure des plombiers** est formée de 2 parties de plomb et de 1 partie d'étain.

La **soudure des ferblantiers** ne diffère du composé précédent que par la proportion des métaux qui y entrent; elle est formée de 1 partie de plomb et 1 partie d'étain. Ces soudures fondent à une température relativement basse.

La **potée d'étain** est encore un alliage de plomb et d'étain, formé en fondant ensemble 4 parties du premier métal avec 1 partie du second. Ce composé, très oxydable, est utilisé pour émailler les faïences.

L'alliage pour vaisselle et robinets se compose de 8 parties de plomb et 92 parties d'étain.

La **tôle plombée** est obtenue en plongeant une lame de fer, bien décapée, dans du plomb fondu. Cette tôle remplace avantageusement le plomb ou le zinc pour les couvertures; car elle est plus légère que le plomb et plus dure que le zinc.

54. **Litharge, PbO.** — Le plomb, chauffé au contact de l'air, fond et se transforme, lorsque la température reste inférieure à celle du rouge, en un oxyde jaune, amorphe, le *massicot*. Ce corps peut se combiner à la silice des poteries pour donner un vernis brillant. Les poteries, ainsi vernissées, ne sont pas sans danger pour les usages culinaires.

Le massicot fondu cristallise par refroidissement en paillettes, qui constituent la *litharge*, oxyde de plomb de couleur rouge orangé, soluble dans l'acide azotique.

La litharge et le massicot sont deux formes d'un même oxyde de plomb, qui répond à la formule PbO.

55. Minium, Pb^3O^4. — Le *minium* est une poudre, d'une belle couleur rouge, obtenue en chauffant le massicot à l'air, à une température inférieure à 300°. Au-dessus de 300°, le minium se décompose en oxygène et en litharge.

On constate que tout le massicot est transformé en minium, lorsque le poids de la masse n'augmente plus.

Le minium, traité par l'acide azotique, donne du bioxyde de plomb, PbO^2, appelé encore *oxyde puce*, à cause de sa couleur.

On emploie le minium en peinture pour préserver les métaux de l'oxydation ; il sert à colorer les papiers peints, la cire à cacheter, etc. L'industrie l'utilise dans la fabrication du cristal, du flint, de l'émail des faïences, etc.

56. Carbonate de plomb. — Le *carbonate de plomb* ou *céruse*, ou *blanc de plomb*, est un corps blanc, insoluble dans l'eau, très vénéneux. Comme tous les sels de plomb, il noircit sous l'influence du gaz sulfhydrique.

Préparation. — Les procédés industriels pour préparer la céruse sont assez variés dans la forme, mais ils reposent tous sur le principe suivant : *Quand on fait agir sur l'acétate tribasique de plomb du gaz carbonique, celui-ci s'empare de l'excès de base pour former de la céruse et transformer l'acétate tribasique en acétate neutre.*

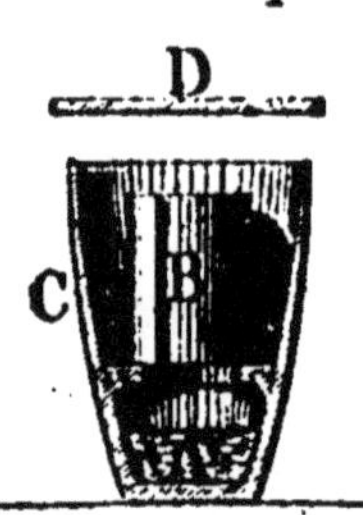

Fig. 18. — Vase où se produit la réaction du gaz carbonique sur l'acétate tribasique de plomb.

Les procédés ne diffèrent que par la façon dont on se procure les substances qui doivent réagir.

Procédé hollandais. — Les lames de plomb (B), enroulées en spirale, sont placées dans des pots en grès C (fig. 18), au fond desquels on a mis un peu de vinaigre (A).

Ces pots sont disposés par rangées dans une grande fosse

(fig. 19); chaque rangée est séparée de la suivante par une couche de fumier placée sur des planches. La fermentation du fumier produit deux effets : elle dégage la chaleur qui

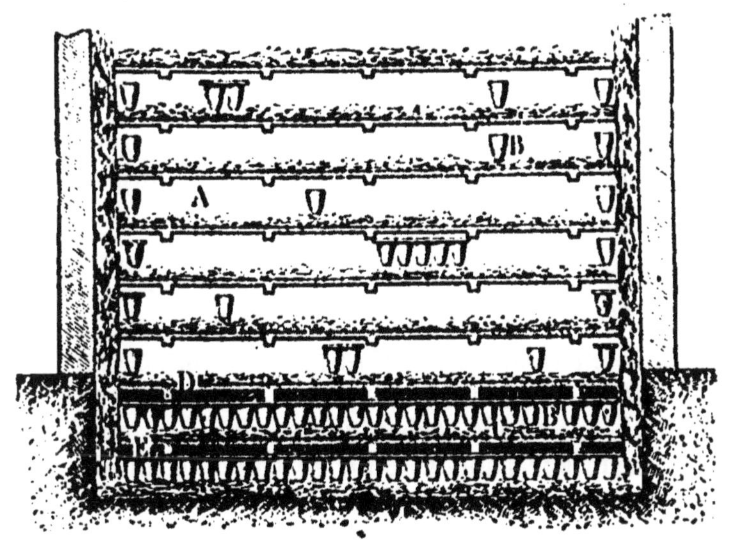

Fig. 19.
Fosse destinée à la fabrication de la céruse par le procédé hollandais.

vaporise l'acide acétique nécessaire à la transformation du plomb en acétate tribasique, et elle dégage de l'anhydride carbonique qui attaque l'acétate tribasique et le transforme en carbonate de plomb et acétate neutre.

Procédé de Clichy. — Dans ce procédé, le gaz carbonique qui agit sur l'acétate tribasique est fourni par la décomposition de calcaires, à l'aide de la chaleur. L'acétate neutre obtenu est ensuite transformé par la litharge en acétate tribasique. Les mêmes réactions peuvent ainsi recommencer indéfiniment.

Procédés électrolytiques. — Les procédés électrolytiques employés pour préparer la céruse sont très variés. Les uns se bornent à préparer des composés faciles à transformer en carbonate de plomb; les autres produisent directement ce dernier corps. Tous les procédés emploient comme anode des plaques de plomb.

Aux *États-Unis*, on fait passer le courant d'une dynamo

dans une solution d'azotate de sodium, marquant 10°B. La cuve en bois qui contient l'électrolyte est partagée en deux parties par un diaphragme poreux. Après le passage du courant, on constate la présence de la *soude* à la cathode et de l'*acide azotique* autour de l'anode. Cette électrode est attaquée par l'acide et transformée en azotate de plomb. Les deux portions liquides sont ensuite mélangées et donnent un précipité d'hydrate de plomb, $Pb(OH)^2$. Ce dernier corps, traité par le carbonate neutre de sodium, produit la réaction exprimée par l'équation suivante :

$$\underset{\text{Hydrate de plomb.}}{Pb(OH)^2} + \underset{\text{Carbonate de sodium.}}{CO^3Na^2} = \underset{\text{Carbonate de plomb.}}{CO^3Pb} + \underset{\text{Soude.}}{2NaOH}$$

Dans la méthode de Bottome, l'électrolyte employé est un mélange de carbonate de sodium et de carbonate d'ammonium. L'anhydride carbonique produit pendant l'électrolyse se porte sur l'anode, où il se combine directement au plomb. La céruse obtenue forme à la surface de l'anode une croûte blanche, qui se détache d'elle-même au fur et à mesure de sa formation.

Usages. — La céruse est employée en peinture; elle fournit une belle couleur blanche très solide, mais qui a l'inconvénient de noircir sous l'influence des émanations sulfureuses, par suite de la formation de sulfure de plomb qui est noir.

RÉSUMÉ

Le plomb s'extrait de la galène, ou sulfure de plomb. C'est un métal gris bleuâtre, malléable, mou, fondant à 335°, mauvais conducteur de la chaleur et de l'électricité.

Il s'oxyde superficiellement au contact de l'air humide. L'eau pure ne l'attaque que quand elle est aérée; dans ce cas, le métal se recouvre d'une couche d'hydrocarbonate soluble. En présence des eaux calcaires, il se forme à la surface du métal une couche protectrice de carbonate et de sulfate de plomb insolubles.

Les acides chlorhydrique et sulfurique ne l'attaquent qu'à chaud; l'acide azotique le dissout à froid en dégageant des vapeurs rutilantes.

Le plomb est utilisé pour couvrir les toits, doubler les réservoirs, fabriquer des bassins, préparer des alliages, dont les principaux sont : l'alliage des caractères d'imprimerie, la soudure des plombiers, la soudure des ferblantiers, la potée d'étain, la tôle plombée, l'alliage pour vaisselle et robinets.

En laissant tomber des gouttelettes de plomb fondu, additionné de 1/1000 d'arsenic, d'une hauteur suffisante pour qu'elles se solidifient avant de parvenir dans un bassin d'eau, on obtient des grains parfaitement sphériques. C'est le plomb de chasse.

La *litharge* et le *massicot* sont deux formes du même oxyde de plomb. Le premier s'obtient par refroidissement du massicot fondu; celui-ci se forme en chauffant légèrement le plomb au contact de l'air.

Si le massicot est chauffé à 300°, en présence de l'air, il se transforme en *minium*, belle couleur rouge utilisée pour préserver les métaux de l'oxydation.

Le carbonate de plomb, ou céruse, s'obtient en faisant agir sur l'acétate tribasique de plomb du gaz carbonique, qui s'empare de l'excès de base pour former du carbonate de plomb, et transformer l'acétate tribasique en acétate neutre.

On prépare aussi le carbonate de plomb par divers procédés électrolytiques.

La céruse est utilisée comme couleur blanche dans la peinture.

CHAPITRE VIII

ZINC

Symbole : Zn. **Poids atomique : 65,2.**

57. **État naturel.** — Le zinc se rencontre principalement à l'état de sulfure, *blende*, ZnS, et à l'état de carbonate, *calamine*, CO^3Zn.

58. **Métallurgie.** — La métallurgie du zinc comprend deux phases :

Dans la *première*, on transforme le minerai en oxyde, par le grillage ou la calcination ;

$$\underset{\text{Sulfure de zinc.}}{ZnS} + \underset{\text{Oxygène.}}{3O} = \underset{\text{Oxyde de zinc.}}{ZnO} + \underset{\text{Gaz sulfureux.}}{SO^2}$$

$$\underset{\text{Carbonate de zinc.}}{CO^2Zn} = \underset{\text{Oxyde de zinc.}}{ZnO} + \underset{\text{Gaz carbonique.}}{CO^2}$$

Dans la *deuxième*, on réduit l'oxyde de zinc, par le charbon :

$$\underset{\text{Oxyde de zinc.}}{ZnO} + \underset{\text{Charbon.}}{C} = \underset{\text{zinc.}}{Zn} + \underset{\text{oxyde de carbone.}}{CO}$$

Les appareils qui servent à la réduction de l'oxyde varient avec les pays.

Méthode belge. — En Belgique, le mélange est introduit dans des cornues cylindriques en terre, placées en grand nombre dans des fours à réverbère (fig. 20). La chaleur est fournie par la combustion de l'oxyde de carbone.

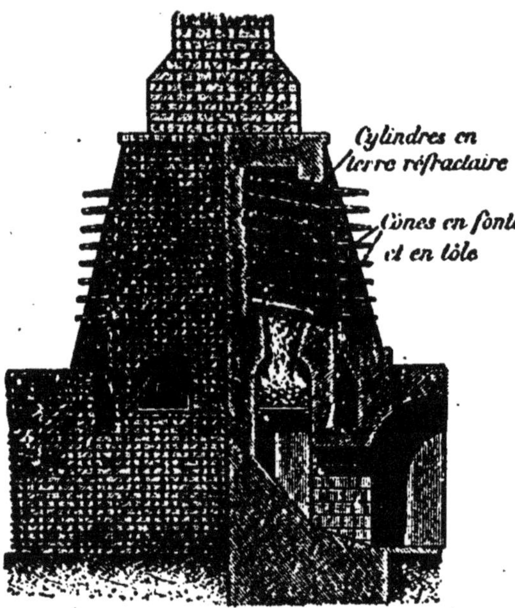

Fig. 20.
Four pour l'extraction du zinc (méthode belge).

Les vapeurs de zinc se condensent dans l'allonge renflée dont est munie chaque cornue. Une petite partie du métal vient se condenser à l'état de poussière dans un cylindre en tôle qui fait suite à l'allonge, et qui est percé d'une petite ouverture pour livrer passage aux gaz, tout en empêchant l'oxydation du zinc.

Méthode électrolytique. — La *blende*, grillée modérément, est soumise à l'action d'un faible courant d'eau. Le liquide chargé de sulfate de zinc est amené ensuite dans de grandes cuves, où plongent des électrodes positives en plomb et des électrodes négatives en zinc. Sous l'influence du courant, le zinc se dépose sur l'électrode négative et il reste de l'eau acidulée qui peut servir de nouveau, pour transformer la *blende* ou la *calamine* en sulfate de zinc soluble.

59. **Propriétés physiques.** — Le zinc est un métal blanc bleuâtre, cristallin. Il fond vers 410° et se volatilise à 930°. Sa densité est voisine de 7. Le zinc pur est très malléable, mais celui du commerce est cassant à la température ordinaire; il devient malléable et ductile entre 120 et 150°.

60. **Propriétés chimiques.** — **Action de l'air.** — Le zinc ne se combine pas à l'oxygène pur à la température ordinaire; mais à l'air humide ce métal se recouvre, sous l'action simultanée du gaz carbonique et de la vapeur d'eau, d'une couche d'hydrocarbonate, qui forme à la surface du zinc un enduit imperméable, protégeant le métal non attaqué.

Action de la chaleur. — Le zinc chauffé au rouge, au contact de l'air, brûle avec une flamme verdâtre et éclairante, en produisant d'épaisses fumées blanches d'oxyde de zinc.

Action des corps simples. — Presque tous les métalloïdes se combinent avec le zinc; ainsi le chlore, le brome, etc., forment avec ce métal des composés connus tels que : $ZnCl^2$, chlorure de zinc; $ZnBr^2$, bromure de zinc, etc.

Le zinc s'unit à un grand nombre des métaux pour former des alliages.

Action de l'eau. — Le zinc est à peu près sans action sur l'eau; cependant le métal en poudre décompose l'eau faiblement dès la température ordinaire et notablement à l'ébullition.

Action des acides. — Les acides chlorhydrique et sulfurique étendus attaquent vivement le zinc du commerce : il se forme un sel de zinc et l'hydrogène se dégage. Les réactions sont les suivantes :

$2HCl$	+	Zn	=	$ZnCl^2$	+	H^2
Acide chlorhydrique.		zinc.		Chlorure de zinc.		Hydrogène.
SO^4H^2	+	Zn	=	SO^4Zn	+	H^2
Acide sulfurique.		Zinc.		Sulfate de zinc.		Hydrogène.

Le zinc chimiquement pur est très peu attaqué par les acides étendus.

L'acide azotique dissout le zinc en donnant de l'azotate de zinc et un dégagement de vapeurs rutilantes.

61. Usages. — On emploie le zinc en feuilles pour construire des gouttières, des baignoires. Réduit en feuilles plus minces, il sert à la couverture des toits.

Le zinc entre dans la construction de plusieurs piles (Daniell, Bunsen, Leclanché, pile au bichromate, etc.). L'hydrogène se prépare dans les laboratoires par l'action du zinc sur les acides étendus.

Le zinc forme un grand nombre d'alliages, dont les plus importants sont le *laiton*, le *bronze des monnaies* et le *maillechort*, déjà étudiés à propos du cuivre.

Pour protéger le fer contre l'oxydation, on forme à sa surface une couche protectrice résultant de la combinaison du fer avec le zinc (*fer galvanisé*).

62. Oxyde de zinc. — Préparation. — L'*oxyde de zinc* se produit dans la combustion des vapeurs de zinc à l'air.

Dans l'industrie, on distille le zinc dans un courant d'air. Les vapeurs s'enflamment et se transforment en flocons blancs d'une grande légèreté, qui traversent des chambres

Fig. 21. — Préparation industrielle de l'oxyde de zinc.

incomplètement cloisonnées (fig. 21) ; l'oxyde tombe dans des barils qui se trouvent à la partie inférieure des chambres.

Dans les laboratoires, l'oxyde de zinc s'obtient par la calcination du carbonate ou de l'azotate :

$$\underset{\text{Carbonate de zinc.}}{ZnCO^3} = \underset{\text{Oxyde de zinc.}}{ZnO} + \underset{\text{Anhydride carbonique.}}{CO^2}$$

$$\underset{\text{Azotate de zinc.}}{Zn(AzO^3)^2} = \underset{\text{Oxyde de zinc.}}{ZnO} + \underset{\text{Peroxyde d'azote.}}{2AzO^2} + \underset{\text{Oxygène.}}{O}$$

Propriétés. — L'oxyde de zinc, *blanc* à la température ordinaire, devient *jaune* quand il est chauffé. Il est presque insoluble dans l'eau; et se dissout facilement dans les acides étendus, en formant des sels de zinc :

$$\underset{\text{Acide Chlorhydrique.}}{2HCl} + \underset{\text{Oxyde de zinc.}}{ZnO} = \underset{\text{Chlorure de zinc.}}{ZnCl^2} + \underset{\text{Eau.}}{H^2O}$$

L'oxyde de zinc est fixe à toutes les températures de nos fourneaux.

Action des réducteurs. — L'*hydrogène* réduit l'oxyde de zinc à une température élevée :

$$\underset{\text{Oxyde de zinc.}}{ZnO} + \underset{\text{Hydrogène.}}{H^2} = \underset{\text{Zinc.}}{Zn} + \underset{\text{Eau.}}{H^2O}$$

A la température du rouge, on aurait la réaction inverse.

Le *carbone* réduit l'oxyde de zinc à une température élevée, mais moins facilement que l'hydrogène :

$$\underset{\text{Oxyde de zinc.}}{ZnO} + \underset{\text{Carbone.}}{C} = \underset{\text{Zinc.}}{Zn} + \underset{\text{Oxyde de carbone.}}{CO}$$

L'*hydrate de zinc*, $Zn(OH)^2$, s'obtient en traitant un sel de zinc dissous par un alcali :

$$\underset{\text{Sulfate de zinc.}}{ZnSO^4} + \underset{\text{Potasse.}}{2KOH} = \underset{\text{Sulfate de potassium.}}{SO^4K^2} + \underset{\text{Hydrate de zinc.}}{Zn(OH)^2} \quad (1)$$

Si la potasse est en excès, l'hydrate de zinc se dissout et forme un zincate de potassium :

$$\underset{\text{Hydrate de zinc.}}{Zn(OH)^2} + \underset{\text{Potasse}}{2KOH} = \underset{\text{Zincate de potassium.}}{Zn(OK)^2} + \underset{\text{Eau.}}{2H^2O} \quad (2)$$

On peut précipiter ce sel avec l'alcool.

Avec l'acide azotique, l'hydrate de zinc donne la réaction :

$$\underset{\text{Hydrate de zinc.}}{Zn(OH)^2} + \underset{\text{Acide azotique.}}{2AzO^3H} = \underset{\text{Azotate de zinc.}}{Zn(AzO^3)^2} + \underset{\text{Eau.}}{2H^2O} \quad (3)$$

Les équations (2) et (3) montrent que l'oxyde de zinc est un oxyde indifférent, puisque son hydrate se comporte tantôt comme acide (2), et tantôt comme base (3).

Usages. — L'oxyde de zinc, ou *blanc de zinc,* est employé en peinture ; il a sur la *céruse* un double avantage :

a) Il ne noircit pas au contact des émanations sulfureuses ;

b) Il est moins dangereux à manier.

RÉSUMÉ

Le **zinc** se rencontre dans la nature à l'état de *blende* ou de *calamine.* La métallurgie transforme ces minerais en oxyde, et réduit cet oxyde par le charbon.

En Belgique, le mélange d'oxyde et de charbon est chauffé dans des cornues en terre réfractaire, placées dans des fours à réverbère. Le zinc distillé et se condense dans des allonges.

On peut transformer les minerais en sulfate et électrolyser ce sel dissous. Le zinc ainsi obtenu est plus pur.

Le zinc est blanc bleuâtre, cristallin et cassant. Il se ternit à l'air, et se recouvre d'une couche d'hydrocarbonate de zinc qui protège la partie non attaquée. Il fond vers 410° et se volatilise à 930°, en répandant d'abondants flocons blancs d'oxyde de zinc (*laine philosophique*). Il se combine facilement aux acides.

Le zinc sert à construire des gouttières, des baignoires ; à couvrir les toitures. On l'emploie dans plusieurs piles ; allié au cuivre, il forme le *laiton;* il entre dans la composition du *bronze des monnaies* et du *maillechort.*

L'oxyde de zinc, produit dans la combustion des vapeurs de zinc à l'air, est employé en peinture ; il ne noircit pas comme la *céruse* par les émanations sulfureuses.

L'hydrate de zinc se comporte tantôt comme base et tantôt comme acide.

CHAPITRE IX

L'ALUMINIUM ET SES COMPOSÉS

§ I. — Aluminium.

Symbole : Al. **Poids atomique :** 28.

63. **État naturel.** — L'aluminium ne se trouve pas à l'état natif; mais ses combinaisons sont très répandues dans la nature. L'*alumine*, Al^2O^3, est la base de l'argile.

Les principaux minerais exploités sont : la *bauxite*, mélange d'alumine hydratée et de sesquioxyde de fer; la *cryolithe*, fluorure double d'aluminium et de sodium.

64. **Métallurgie.** — **Procédé chimique.** — Ce procédé, dû à Deville, comprend deux phases :

a) *Transformation de l'alumine en chlorure.* — Pour cela, on chauffe dans un courant de chlore un mélange d'alumine, de charbon et de chlorure de sodium. La réaction est la suivante :

$$\underset{\text{Alumine.}}{Al^2O^3} + \underset{\text{Charbon.}}{3C} + \underset{\text{Chlore.}}{6Cl} + \underset{\text{Chlorure de sodium.}}{2NaCl} = \underset{\text{Chlorure double d'aluminium et de sodium.}}{Al^2Cl^6{,}2NaCl} + \underset{\text{Oxyde de carbone.}}{3CO}$$

b) *Réduction du chlorure par le sodium.* — Pour réaliser cette deuxième phase, on introduit dans un four à réverbère, dont la sole est portée au rouge blanc, le mélange du chlorure double obtenu, avec du sodium. La réaction est très vive :

$$\underset{\text{Chlorure double d'aluminium et de sodium.}}{Al^2Cl^6{,}2NaCl} + \underset{\text{Sodium.}}{6Na} = \underset{\text{Aluminium.}}{Al^2} + \underset{\text{Chlorure de sodium.}}{8NaCl}$$

Cette méthode est abandonnée aujourd'hui.

65. Procédés électriques. — L'un des premiers procédés employés (*procédé Minet*) consiste à décomposer, par un courant intense, la cryolithe fondue, à laquelle on ajoute un peu d'alumine et de chlorure de sodium. Le mélange est placé dans un *four électrique* (fig. 22).

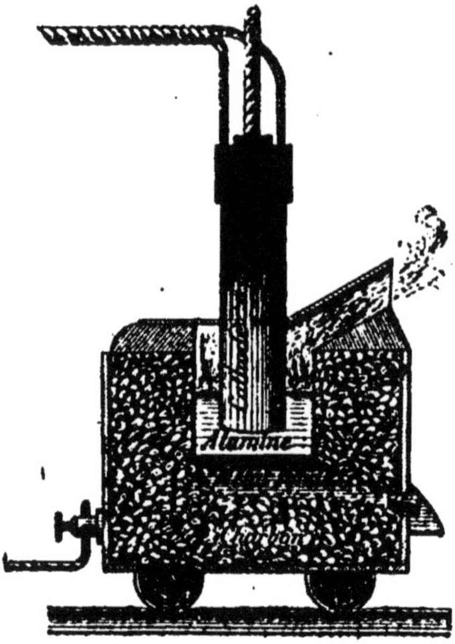

Fig. 22. — Four électrique pour la préparation de l'aluminium.

A Froges, dans le département de l'Isère, on décompose directement, par la température de l'arc électrique, l'alumine additionnée d'un peu de cryolithe. L'oxygène de l'alumine se porte sur le charbon relié à l'anode, et l'aluminium fondu se rassemble autour de la catode.

66. Propriétés physiques. — L'*aluminium* est un métal blanc, très sonore, remarquable par sa légèreté; sa densité est 2,5. Il est précieux par sa malléabilité, et sa ductilité égale celle de l'argent. Son point de fusion est vers 700°.

67. Propriétés chimiques. — Ce métal est presque inaltérable à l'*air sec* ou *humide*. Les *acides* sulfurique et azotique, même concentrés et bouillants, ne le dissolvent que très lentement; mais l'acide chlorhydrique le dissout facilement, même à froid.

Les *dissolutions alcalines* l'attaquent : il se forme un aluminate alcalin et il se dégage de l'hydrogène. L'eau de mer l'attaque aussi, ce qui empêche de l'appliquer au doublage des navires.

68. **Usages.** — Les usages de l'aluminium tendent à se répandre de plus en plus, car il est très léger et peu oxydable. Aussi remplace-t-il l'argent, le cuivre, l'acier, l'étain dans un grand nombre d'applications industrielles, ainsi que dans la bijouterie, la coutellerie, etc.

Un alliage de 10 parties d'aluminium avec 90 parties de cuivre constitue le *bronze d'aluminium*, d'une belle couleur jaune; on l'emploie dans l'orfèvrerie.

§ II. — Alumine, Al^2O^3.

69. **État naturel.** — L'*alumine* est très répandue dans la nature; cristallisée, elle constitue le *corindon*, qui, coloré par des traces d'oxydes étrangers, forme des pierres précieuses, telles que le *rubis oriental* (rouge), le *saphir* (bleu), la *topaze orientale* (jaune); combinée à la silice, l'alumine forme les *argiles*.

70. **Préparation dans les laboratoires.** — L'alumine *amorphe* s'obtient par la calcination du sulfate d'aluminium $(SO^4)^3Al^2$, ou de l'alun ammoniacal, sulfate double d'ammonium et d'aluminium $(SO^4)^3Al^2, SO^4(AzH^4)^2 + 24H^2O$.

En traitant un sel d'aluminium par une dissolution ammoniacale, on obtient l'hydrate d'aluminium $Al^2(OH)^6$.

71. **Propriétés.** — L'alumine amorphe est un oxyde indifférent. Elle se comporte comme un anhydride acide vis-à-vis des bases énergiques, et comme un anhydride basique vis-à-vis des acides énergiques. Ainsi on connaît un aluminate de potassium $(Al^2)O^4K^2 + 3H^2O$, et un sulfate d'aluminium $(SO^4)^3Al^2$.

72. **Usages.** — L'*émeri*, employé dans le polissage des glaces et des métaux, est de l'alumine colorée en noir par l'oxyde de fer. L'alumine, mélangée aux matières colorantes, sert à fabriquer les *laques*, utilisées dans la peinture et l'impression des papiers peints.

§ III. — Silicates d'aluminium.

73. Argiles. — Les *argiles* sont des matières terreuses, constituées par du *silicate d'aluminium*, de l'*alumine*, de l'*oxyde ferrique*, du *calcaire*, etc. Elles sont plastiques, c'est-à-dire que, mélangées d'eau, elles se laissent facilement pétrir avec les doigts, de là leur emploi dans la sculpture et le moulage; elles sont savonneuses au toucher et se laissent rayer avec l'ongle.

Elles font pâte avec l'eau et deviennent alors imperméables. Un morceau d'argile placé sur la langue absorbe la salive et produit une impression de sécheresse : on dit qu'il happe à la langue. Les argiles durcissent par la cuisson, d'où leur emploi dans la fabrication des poteries.

Les principales variétés d'argiles sont : le *kaolin*, la *terre glaise*, la *terre à foulon* et la *marne*.

74. Kaolin. — Le kaolin est du silicate d'aluminium pur, hydraté, de couleur blanche, infusible à haute température. Il provient de la décomposition des feldspaths orthoses, silicates doubles d'aluminium et de potassium[1]. Ces sels, très abondants dans la nature, se dédoublent sous l'action de l'eau en silicate de potassium soluble et en silicate d'aluminium insoluble. Le kaolin est abondant en France, près de Saint-Yricix, en Saxe et en Chine.

75. Autres variétés d'argiles. — La **terre glaise** ou *terre à modeler* des sculpteurs est une argile impure; elle contient de la chaux avec de l'oxyde de fer qui la colore en jaune rougeâtre, ou d'autres oxydes métalliques diversement colorés; elle fond aux températures élevées.

La **terre à foulon**, ou *argile smectique*, est une argile plus impure que la précédente; elle forme avec l'eau une pâte peu liante; elle possède la propriété d'absorber les

---

[1] Les feldspaths sont des silicates doubles d'aluminium et de potassium, de sodium ou de calcium. Le silicate double d'aluminium et de potassium est appelé feldspath orthose.

corps gras, aussi sert-elle dans le dégraissage des étoffes.

La **marne** est un mélange de calcaire (au moins 20 %) et d'argile. Elle est employée en agriculture pour l'amendement des terres.

§ IV. — Poteries.

76. **Poteries.** — La grande plasticité de l'argile la rend très propre à la fabrication des poteries. Mais, par la cuisson, elle se contracte et se fendille, ce qui est un grave inconvénient. Pour y remédier, on la mélange avec différentes matières : le sable, le plâtre, qui diminuent la contraction due à la dessiccation, mais rendent l'argile plus difficile à travailler.

Les principales poteries sont : la *porcelaine,* les *grès cérames*, les *faïences* et les *poteries communes.*

77. **Porcelaine.** — La pâte à porcelaine se compose de *kaolin,* de *quartz* et de *feldspath;* c'est cette dernière substance qui fond durant la cuisson et remplit les pores de la pâte.

On broie très finement le quartz et le feldspath; on les lave. Ils sont ensuite mélangés au kaolin humide, et malaxés très longtemps ensemble, de manière à former une pâte homogène. Puis celle-ci est soumise, pendant longtemps, à l'action de l'air, qui améliore ses qualités.

Avant la *cuisson,* on fait subir à la pâte l'une des trois opérations suivantes : le *tournassage,* le *coulage* ou le *moulage.*

Fig. 23. — Tour de potier.

Tournassage. — Un *tour* de potier (fig. 23) se compose d'un axe vertical supportant à son extrémité inférieure un large disque, et, à l'extrémité supérieure, un disque plus petit. L'ouvrier imprime au tour le mouvement de rotation, en agissant avec les pieds sur le disque inférieur; en même temps, avec les mains, il donne à la pâte, placée au centre du disque supérieur, la forme voulue. Quand l'ébauche de l'objet est assez avancée, on dessèche, puis un second ouvrier donne à l'ouvrage son fini.

Moulage. — Les moules dont on se sert en céramique sont en plâtre ou en terre cuite. On applique sur le moule des plaques de pâte plus ou moins épaisses, et on les presse avec une éponge, de façon qu'elles s'appliquent exactement sur le modèle.

Coulage. — On verse dans un moule en plâtre la pâte très délayée d'eau. Le plâtre absorbe l'eau et la pâte se solidifie. Après avoir séparé l'excès de liquide on retire l'objet, qui est plus ou moins épais, suivant la durée de l'opération.

78. Cuisson. — Ces préparations terminées, on fait subir aux objets une première cuisson, ou *dégourdi*.

A cet effet, ils sont placés dans le compartiment supérieur d'un four à porcelaine, où ils se dessèchent et acquièrent une certaine consistance, tout en restant très poreux.

On plonge ensuite un instant la porcelaine dégourdie dans une bouillie claire de quartz et de feldspath appelée *barbotine*. La pâte absorbe l'eau, qui laisse à la surface une mince couche vitrifiable, laquelle, après la deuxième cuisson, formera l'*émail* ou *glaçure*.

Pour faire la deuxième cuisson, on met les objets dans des cylindres en terre réfractaire (*cazettes*) (fig. 24), empilés les uns au-dessus des autres. Les cazettes protègent la surface de la porcelaine contre la fumée et les poussières. Au sortir du four, la porcelaine a subi un commencement de fusion; elle est devenue translucide et appartient à la classe des poteries *demi-vitrifiées*.

79. Four à porcelaine. — Un four à porcelaine

(fig. 24) comprend trois étages. Au plus élevé sont placés les objets à dégourdir, aux autres s'effectue la seconde cuisson; chaque four est chauffé par quatre foyers extérieurs.

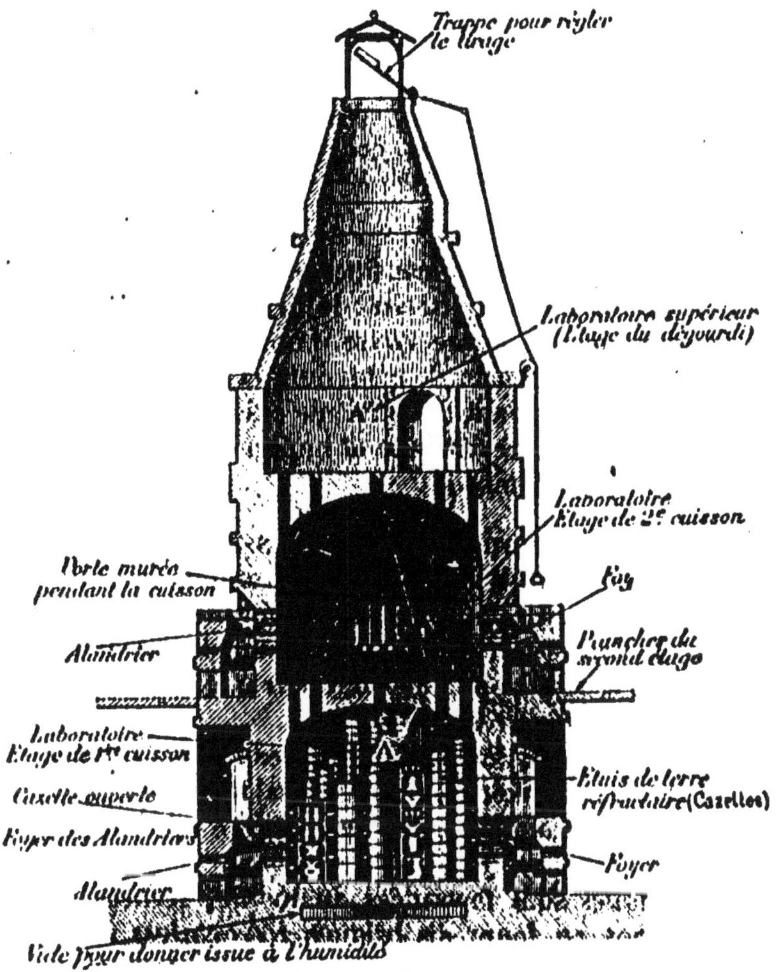

Fig. 24. — Four à porcelaine.

Au bout de douze jours environ, on laisse le four se refroidir lentement avant de défourner.

La surface de la porcelaine est souvent couverte de couleurs mêlées à des matières vitrifiables assez fusibles. Les matières colorantes sont des oxydes métalliques qui, délayés dans l'essence de térébenthine, sont appliqués au pinceau. On chauffe ensuite dans des fours disposés de telle façon, qu'un ouvrier peut suivre du dehors l'action de la cuisson sur la matière colorante.

80. **Grès cérames.** — Ils sont demi-vitrifiés, durs, imperméables, mais non translucides. La pâte est moins pure que la pâte à porcelaine, aussi les objets sont-ils souvent colorés par de l'oxyde de fer. On les cuit à haute température. Pour les vernir, on projette dans le four du chlorure de sodium, qui se vaporise, se décompose au contact du grès et forme un vernis fusible.

81. **Faïences.** — Les faïences sont fabriquées avec de l'argile plastique et du quartz finement pulvérisé. Les pièces sont soumises à deux cuissons : la première leur donne de la dureté; puis on les recouvre d'un vernis fusible formé de quartz, de carbonate de potassium et d'oxyde de plomb. Ce vernis fond pendant la deuxième cuisson, et recouvre la surface d'une couche vitreuse et imperméable de silicate de potassium et de plomb.

82. **Poteries communes et grossières.** — Les *poteries* communes sont faites avec des argiles ferrugineuses mêlées de sable. La *couverte* est un silicate d'aluminium et de plomb. Ces couvertes à base de plomb devraient être évitées : elles cèdent trop facilement leur métal aux acides des préparations culinaires.

Les *poteries grossières :* tuiles, carreaux, pots à fleurs, etc., sont faits avec des marnes mêlées de sable. La pâte, façonnée à la main, est soumise à une température relativement peu élevée.

Les *briques* sont façonnées au moule, séchées d'abord à l'air, puis au four; les briques *réfractaires* sont faites avec des argiles pures.

RÉSUMÉ

L'aluminium est très répandu dans la nature à l'état de combinaison. Ses principaux minerais sont : la *bauxite* et la *cryolithe*.

Sa métallurgie comprend : 1° le *procédé chimique,* qui transforme l'alumine en chlorure, puis réduit le chlorure obtenu par le sodium;

2° les procédés électriques, qui décomposent la cryolithe ou la bauxite par un courant électrique intense.

L'aluminium est un métal blanc, de densité 2,5, très malléable et très ductile; il fond vers 700°. Très peu attaqué par les acides sulfurique et azotique, il est fortement attaqué par l'acide chlorhydrique, les dissolutions alcalines et l'eau de mer.

Grâce à son inaltérabilité dans l'air et à sa légèreté, il remplace l'argent, le cuivre, l'acier et l'étain dans un grand nombre d'applications. Le bronze d'aluminium est employé dans l'orfèvrerie.

Le *rubis oriental,* le *saphir,* la *topaze orientale,* sont de l'alumine cristallisée; dans les laboratoires, l'alumine amorphe se prépare en calcinant l'alun ammoniacal.

L'alumine amorphe est un oxyde indifférent. Les laques utilisées en peinture sont une combinaison d'alumine hydratée avec des matières colorantes.

Les **argiles** sont constituées par du silicate d'aluminium; les principales variétés sont : le kaolin, la terre glaise, la terre à foulon, la marne.

Le kaolin est du silicate d'aluminium pur, hydraté, blanc, infusible aux hautes températures.

Il provient de la décomposition des feldspaths. La *terre glaise* des sculpteurs est de l'argile impure, fondant aux températures élevées. La *terre à foulon* est une argile encore plus impure, formant avec l'eau une pâte peu liante; elle absorbe les corps gras. La *marne* est un mélange de calcaire et d'argile, employé en agriculture pour l'amendement des terres.

Les principales **poteries** sont la *porcelaine,* les *grès cérames,* les *faïences* et les *poteries communes.* La pâte à porcelaine se compose de kaolin, de quartz et de feldspath. On en fait de la vaisselle, des creusets, des capsules employées dans les laboratoires, des objets d'ornementation. Avant la *cuisson,* on fait subir à la pâte le *tournassage,* le *coulage* et le *moulage.*

Après une première cuisson ou *dégourdi,* on plonge la porcelaine dans la *barbotine,* ce qui formera, après la deuxième cuisson, l'*émail* ou glaçure. La cuisson se fait dans le four à porcelaine.

Les *grès cérames,* formés de pâte moins pure que la pâte à porcelaine, sont demi-vitrifiés, durs, imperméables mais non translucides.

Les *faïences* sont fabriquées avec de l'argile plastique et du quartz finement pulvérisé; les pièces sont soumises à deux cuissons.

Les *poteries communes* sont faites avec des argiles ferrugineuses mêlées de sable.

Les *poteries grossières* sont faites avec des marnes mêlées de sable; la pâte est soumise à une température peu élevée.

Les *briques* sont façonnées au moule et séchées à l'air, avant d'être introduites dans le four. Les briques réfractaires proviennent d'argiles pures.

CHAPITRE X

VERRES ET CRISTAL

83. Définition. — *Les verres sont des substances transparentes, dures, douées d'un éclat particulier appelé vitreux, à peu près inattaquables par l'eau et les acides, excepté toutefois par l'acide fluorhydrique.*

Quant à leur composition chimique, ce sont des combinaisons de silicates alcalins, avec des silicates alcalino-terreux ou avec du silicate de plomb.

Employé seul, le silicate alcalin donnerait un verre soluble dans l'eau et fusible; le silicate de calcium seul a une tendance marquée à cristalliser, par conséquent à se dévitrifier. Le silicate de plomb rend le verre plus fusible et lui donne un pouvoir réfringent plus considérable. On fait donc varier les proportions des divers silicates suivant le but à atteindre.

Les verres se divisent : en *verres ordinaires* et en *verres à base de plomb.*

84. Verres ordinaires. — Dans les verres *ordinaires* on distingue : ceux à base de *potasse et de chaux,* et ceux à base de *soude et de chaux.*

Verres à base de potasse et de chaux. — Dans ce groupe, on distingue :

1° Le *verre de Bohême* qui s'obtient en fondant du quartz, de la chaux vive et du carbonate de potassium. Ce verre est transparent, très léger, peu fusible et inaltérable. Il sert à fabriquer la verrerie de table et des appareils de laboratoire,

2° Le *crown-glass.* — C'est un verre plus riche en potasse et en chaux que le verre de Bohême. Il est employé dans la fabrication des instruments d'optique. .

Verres à base de soude et de chaux. — Les principales variétés sont ;

1° Le *verre à vitre*, silicate double de sodium et de calcium; obtenu en fondant du sable fin, de la craie et du carbonate de sodium.

2° Le *verre à bouteille*, dans la composition duquel entrent de l'*argile marneuse* et du *sable ferrugineux* qui lui donne sa coloration.

3° Le *verre à glace* et la *gobeletterie commune* : ce verre se rapproche du verre à vitre par sa composition, mais il renferme moins de chaux.

85. **Verres à base de plomb.** — Les verres à base de plomb sont :

1° Le *cristal*, silicate double de potassium et de plomb. C'est le nom générique de tous les verres à base de plomb. Le cristal est employé dans la verrerie de luxe. Le plomb lui donne une transparence plus parfaite et augmente sa réfringence.

2° *Flint-glass*. — On l'obtient en fondant du sable fin, du minium et du carbonate de potassium; il est dense, limpide et très réfringent. On l'emploie dans les instruments d'optique.

3° *Strass*. — Il contient encore plus de plomb que le flint; c'est le plus dense et le plus réfringent des verres; il sert à imiter les pierres précieuses.

4° *L'émail*. — C'est un cristal rendu opaque par du bioxyde d'étain ou du phosphate de calcium. En introduisant dans la pâte des oxydes métalliques, on a des émaux colorés.

Les verres colorés s'obtiennent en ajoutant à la pâte différents oxydes métalliques.

86. **Fabrication du verre.** — Dans la fabrication du verre, la température du four varie entre 1000 et 1200°. Les matières premières employées sont : le *sable*, qui fournit la silice; le *carbonate* ou le *sulfate de sodium*, et la *craie* ou l'*argile*. Ces matières sont d'abord broyées, puis *frittées*, c'est-à-dire calcinées légèrement; enfin chauffées au rouge vif, dans des creusets en terre réfractaire appelés *pots de*

verrier (fig. 25), où elles sont maintenues en fusion pendant 10 ou 12 heures. Le verre est alors à l'état pâteux, ce qui permet de le travailler avec facilité. Aussitôt façonnés, les

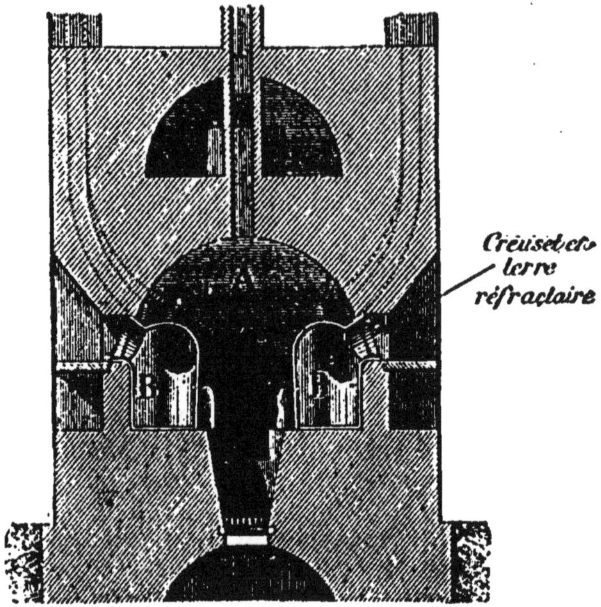

Fig. 25.
Four avec creusets en terre réfractaire destinés à fondre le verre.

objets en verre sont placés dans des fours spéciaux, où ils se refroidissent très lentement.

Les fours de verreries sont chauffés au gaz et pourvus de récupérateurs de chaleur.

87. Trempe. — Si le verre fortement chauffé est soumis à un refroidissement brusque et superficiel, il devient très cassant. Mais si le refroidissement brusque a lieu pour *toute la masse* du verre, celui-ci devient dur, résiste mieux au choc et aux variations de température; on dit alors qu'il est *trempé*. Le verre dit *incassable* est du verre trempé par immersion dans l'huile.

Les globules de verre obtenus en faisant tomber des gouttes de verre fondu dans de l'eau froide, s'appellent *larmes bataviques*. Si l'on casse la pointe, tout le globule se réduit en poussière.

RÉSUMÉ

Les verres sont des substances transparentes, dures, douées de l'éclat vitreux, à peu près inattaquables par l'eau et les acides, excepté par l'acide fluorhydrique.

Ce sont des combinaisons de silicates alcalins avec des silicates alcalino-terreux ou avec du silicate de plomb.

On distingue : *a*) les *verres ordinaires :* verre à vitre, verre à bouteille, verre à glace, verre de Bohême et crown-glass;

b) Les verres à *base de plomb,* qui comprennent : le cristal, le flint-glass, le strass et l'émail.

Dans la fabrication du verre, on soumet les matières premières d'abord à la *fritte,* puis on les chauffe au rouge vif dans les *pots de verrier.* La température des fours varie entre 1000° et 1200°.

Lorsque le verre fortement chauffé est soumis à un refroidissement brusque, on dit qu'il est *trempé.* Si la trempe n'est que superficielle, le verre est très cassant; si elle est faite par immersion dans l'huile, on obtient le verre dit *incassable.*

CHAPITRE XI

ARGENT ET OR

§ I. — Argent.

Symbole : Ag. **Poids atomique : 108.**

88. État naturel. — L'argent se rencontre quelquefois dans la nature à l'état natif; mais le plus souvent c'est à l'état de sulfure, *argyrose,* Ag^2S, surtout au Chili, au Mexique et au Pérou. On trouve aussi ce métal à l'état de chlorure.

89. Métallurgie. — **Principe :** *Le minerai est converti en chlorure à l'aide du sel marin; le composé obtenu est ensuite réduit par un métal capable de déplacer l'argent du chlorure : le fer* (procédé saxon); *le mercure* (procédé américain).

Procédé saxon. — Le minerai est bocardé, additionné de sel marin et grillé sur la sole poreuse d'un four à réverbère.

Le produit du grillage est ensuite introduit avec de l'eau, du fer et du mercure dans des tonneaux tournant autour d'un axe horizontal (fig. 26). Le fer déplace l'argent, qui forme avec le mercure un amalgame. Ce produit est

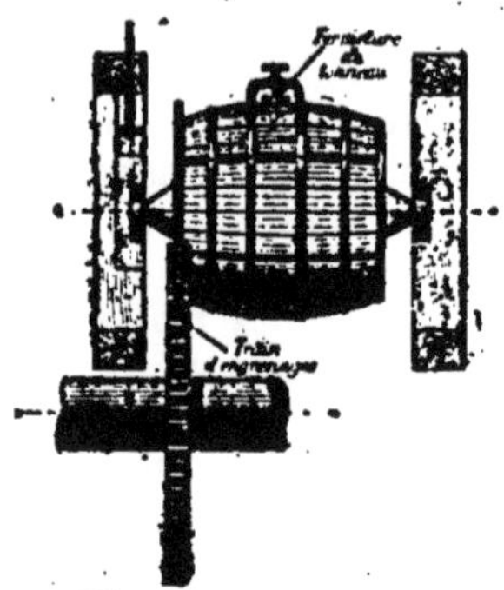

Fig. 26. — Tonneau pour amalgamer l'argent.

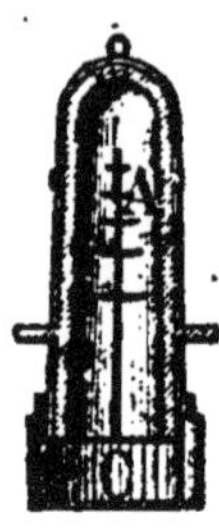

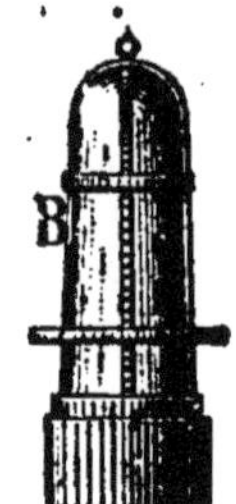

Fig. 27. Chandeliers de Freiberg.

ensuite placé sur les coupes en fer d'un chandelier appelé *chandelier de Freiberg* (fig. 27).

Le chandelier placé sur le fond d'une cuvette en fonte et contenant de l'eau est recouvert d'une cloche en fer qui est entourée de charbons incandescents placés dans un manchon qui entoure la cloche (fig. 28). Le mercure distille et se condense dans l'eau de la cuvette, tandis que l'argent reste dans les coupes.

Fig. 28. — Chandeliers de Freiberg, avec le manchon dans lequel on met les charbons incandescents.

Procédé américain. — Au Chili, au Pérou et au Mexique, où le combustible est rare, on opère à froid.

Le minerai humecté d'eau est réduit en poudre, puis étendu dans une cour dallée sur une épaisseur de 20 à 25^{cm}. On y ajoute 2 à 3 % de chlorure de sodium et l'on fait piétiner le tout par des mules pendant plusieurs heures. Le mélange est additionné de $^1/_2$ à 1 % de pyrite cuivreuse grillée à l'air, et le piétinement continue. On ajoute ensuite par trois fois, et à 15 jours d'intervalle, du mercure à la masse et on fait piétiner chaque fois.

Le mercure forme avec l'argent un amalgame qui est séparé du mélange par un lavage à grande eau. L'argent se retire de l'amalgame par distillation, comme dans le procédé saxon.

90. **Coupellation.** — La *coupellation* ou extraction de l'argent du plomb argentifère repose sur les faits suivants :

1° *L'argent est inoxydable à sa température de fusion.*

2° *Les métaux communs s'oxydent même au-dessous de cette température : le plomb se transforme en litharge.*

3° *La litharge fond, puis dissout les oxydes infusibles des métaux étrangers.*

Si donc on chauffe, à haute température, dans une atmosphère oxydante du plomb argentifère, le plomb s'oxyde et produit de la litharge qui fond et dissout les oxydes des

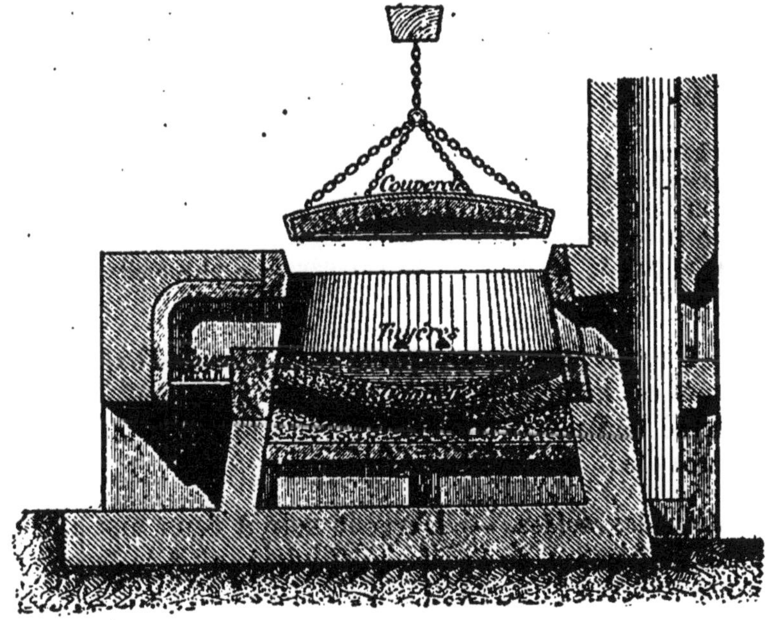

Fig. 29. — Four de coupellation.

autres métaux contenus dans la masse. Si l'on fait écouler la litharge au fur et mesure qu'elle se forme, en laissant la surface du plomb en contact avec l'air, tout le plomb s'oxydera et l'argent seul restera finalement (fig. 29 et 30).

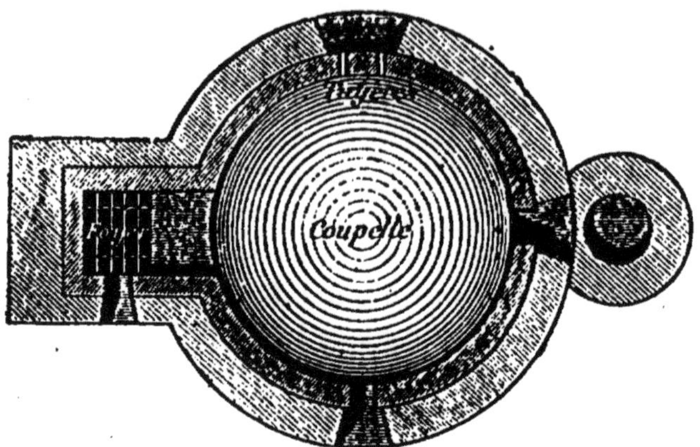

Fig. 30. — Plan d'une coupelle.

91. **Propriétés physiques.** — L'*argent* est un métal blanc très brillant, sonore, très ductile et très malléable. Sa densité égale 10,5, il est très bon conducteur de la chaleur et de l'électricité. Il fond à 964° et se volatilise vers 1500°.

Rochage. — L'argent fondu dissout jusqu'à 22 fois son volume d'oxygène, qu'il abandonne en reprenant l'état solide. Aussi, au moment de la solidification du métal fondu, la surface du bain est inégale et surmontée d'une sorte de végétation, due à la projection du métal par le dégagement de l'oxygène. Ce phénomène porte le nom de *rochage*.

92. **Propriétés chimiques.** — **Action de l'oxygène.** — L'argent est inaltérable à l'air, à toutes les températures. Il est oxydé facilement par l'ozone humide qui le transforme en peroxyde.

Action des acides. — L'argent noircit dans une atmosphère renfermant de l'acide *sulfhydrique;* il se forme du sulfure d'argent noir, Ag^2S.

L'*acide azotique*, même étendu et froid, le dissout en donnant l'*azotate d'argent,* AzO^3Ag. Ce sel, fondu et coulé en crayons, forme la *pierre infernale,* employée pour cautériser les plaies.

L'acide *sulfurique* concentré et bouillant convertit l'argent en sulfate. L'acide chlorhydrique est sans action.

93. Argenture galvanique. — Le bain destiné à l'argenture galvanique renferme 20gr de cyanure de potassium et 10gr de cyanure d'argent par kilogramme d'eau. L'objet à argenter, bien décapé, puis introduit dans le bain, est relié

Fig. 31. — Argenture galvanique.

au pôle négatif de la source d'énergie électrique (fig. 31). L'électrode positive est une lame d'argent. Lorsque le courant a passé pendant quelque temps, l'objet est recouvert d'une couche d'argent; on le retire ensuite et on le lave à l'eau.

§ II. — Or.

Symbole : Au. **Poids atomique : 197.**

94. État naturel. — L'or est un métal très répandu dans la nature, mais on ne le trouve qu'en petite quantité; généralement il est à l'état natif (paillettes, pépites); il existe aussi combiné avec les sulfures de plomb, d'argent et de cuivre. Les paillettes d'or natif se rencontrent dans les sables d'alluvions anciennes, provenant de la désagrégation des roches aurifères. Ces sables sont assez communs; les plus riches sont ceux de l'Oural, de la Californie, de l'Australie et de la république d'Orange.

95. **Extraction.** — L'extraction de l'or repose sur la grande densité de ce métal. Les sables aurifères sont versés soit dans des rigoles très longues portant de distance en distance des encoches, soit dans des auges ou tables à secousses, présentant sur le fond incliné des arrêts appelés tasseaux (fig. 32). L'or s'y amasse petit à petit dans les encoches ou derrière les tasseaux, tandis que les matières terreuses sont entraînées par des lessivages méthodiques à l'eau.

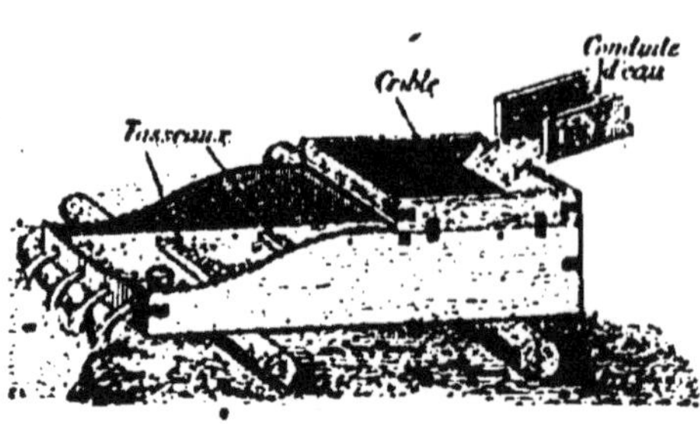

Fig. 32.
Auge pour lessivage des sables aurifères.

Les parties les plus denses, accumulées contre les obstacles, sont amalgamées afin de séparer le métal précieux de la petite quantité de sable avec laquelle il est mélangé. On filtre l'amalgame obtenu à travers une peau de chamois pour enlever l'excès de mercure et on le distille. L'or reste comme résidu.

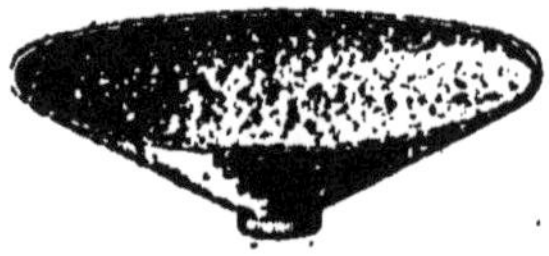

Fig. 33.
Lavage des minerais d'or.

Autrefois, on effectuait le lavage des sables aurifères dans des sébiles en bois ou en tôle (fig. 33), auxquelles on imprimait un mouvement rapide de rotation. L'or restait au fond du vase.

96. **Propriétés physiques.** — L'*or* est un métal jaune, d'un éclat remarquable; sa densité est 19,5. Il fond entre 1 000° et 1 100°. C'est le plus malléable et le plus ductile des métaux : Par le battage on peut obtenir des feuilles de $\frac{1}{10\,000}$ de millimètre d'épaisseur. Un gramme d'or peut être étiré en un fil atteignant plus de 3^{km} de long.

97. **Propriétés chimiques.** — L'or est inaltérable à l'air à toutes les températures.

Le *chlore sec* n'attaque l'or qu'entre 200° et 300°; au-dessus de cette température le chlorure formé se décompose. Le chlore, à l'état de *dissolution*, dissout l'or. Ce métal n'est attaqué à froid par aucun métalloïde.

Les acides, sauf l'acide sélénique et l'eau régale (mélange des acides azotique et chlorhydrique), sont sans action sur l'or. Il en est de même des alcalis. L'eau régale dissout l'or avec facilité, en formant un trichlorure $AuCl^3$.

98. **Usages.** — L'or est employé à l'état d'alliage pour la fabrication des monnaies, des médailles et des bijoux. On l'utilise en feuilles minces pour la dorure, en fils ténus par la passementerie.

Dorure. — La dorure à l'aide des feuilles est généralement remplacée par la dorure *galvanique* ou la dorure *au mercure.*

Dans la dorure *galvanique,* on suspend l'objet à dorer dans un bain formé de 100 parties d'eau, 1 partie de chlorure d'or et 10 parties de cyanure de potassium. La tringle qui soutient l'objet forme la cathode, l'anode est une lame d'or.

Pour dorer au *mercure,* on frotte l'objet bien décapé avec un amalgame préparé, en alliant 8 parties de mercure et 1 partie d'or. Le mercure est ensuite chassé, en chauffant au rouge l'objet recouvert de son enduit.

L'or *rouge* est un alliage d'or et de cuivre ; l'or *vert,* un alliage d'or et d'argent. On peut obtenir des alliages présentant des couleurs intermédiaires, en combinant les trois métaux, or, argent et cuivre, en proportions variables.

Médailles et bijoux. — Pour la fabrication des médailles en or, on se sert d'un alliage formé en combinant 916 parties d'or et 84 parties de cuivre; les bijoux sont faits avec des alliages obtenus en combinant l'or et le cuivre dans des proportions que la loi a fixées comme il suit :

1°	920	parties	d'or	pour	80	parties de cuivre.
2°	840	—	—	—	160	— —
3°	750	—	—	—	250	— —

Comme il est très difficile d'avoir un alliage parfaitement homogène, la législation française tolère une erreur de 5 millièmes pour le métal des bijoux et de 2 millièmes pour les médailles.

99. Alliages monétaires. — Les alliages monétaires se divisent en deux catégories : les monnaies d'argent et les monnaies d'or.

Monnaies d'argent. — Les monnaies d'argent ont deux titres différents : 1° Les pièces de 5 *francs* sont au titre de $\frac{900}{1000}$; ceci veut dire que 1 000^{gr} de l'alliage employé, renferment 900^{gr} d'argent pur et 100^{gr} de cuivre.

2° Les pièces *divisionnaires* (pièces de 2 francs, de 1 franc et de 50 centimes) sont au titre de $\frac{835}{1000}$; c'est-à-dire que sur 1 000^{gr} de l'alliage, 835 sont de l'argent pur et 165 sont du cuivre.

En France, la loi tolère une erreur de 2 millièmes pour les pièces de 5 francs, et de 3 millièmes pour les pièces divisionnaires.

Monnaies d'or. — L'alliage destiné à la fabrication des monnaies d'or est au titre de $\frac{900}{1000}$; la loi tolère une différence de 2 millièmes.

100. Essai des alliages d'or. — Les alliages d'or peuvent être essayés à la *pierre de touche*, pierre noire sur laquelle on marque un trait avec l'alliage à essayer ; cette trace, traitée par l'acide azotique, prend une teinte qui varie avec le titre de l'alliage; on compare alors cette coloration avec celles que l'on obtient en répétant la même expérience sur les différentes branches du *touchau* (fig. 34), étoile métallique dont les rayons portent à leur extrémité des alliages d'or d'un titre connu.

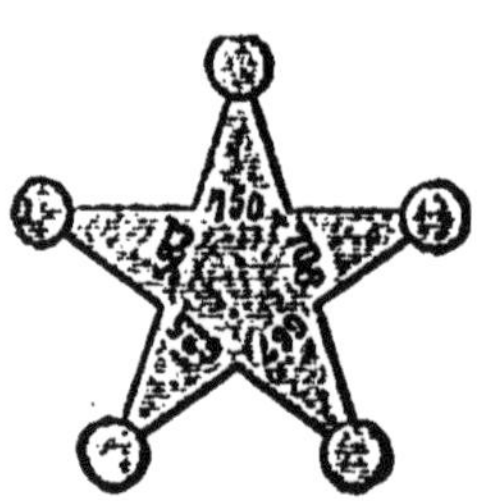

Fig. 34. — Touchau.

RÉSUMÉ

L'argent se rencontre à l'état natif, mais le plus souvent à l'état de sulfure (argyrose).

Pour extraire le métal, on convertit le minerai en chlorure d'argent, puis on décompose le chlorure par le mercure ou le fer. L'argent déplacé est transformé en amalgame qui est distillé.

L'argent est un métal blanc, ductile, malléable, bon conducteur de la chaleur et de l'électricité; sa densité est 10,5; il fond vers 960°. Il est inaltérable à l'air, il noircit en présence du soufre ou de l'acide sulfhydrique. L'acide azotique l'attaque en donnant l'*azotate d'argent;* ce corps fondu et coulé en crayon forme la *pierre infernale.* L'alliage d'argent et de cuivre est utilisé pour la fabrication des monnaies et des bijoux.

L'or natif existe en paillettes, dans des sables provenant de la désagrégation de certaines roches. On lave les fragments pour enlever les matières terreuses et on amalgame le métal précieux. L'amalgame obtenu est distillé.

L'or est un métal jaune, brillant, le plus ductile et le plus malléable des métaux. Il est inaltérable à l'air à toutes les températures et est attaqué par l'eau régale. Les acides azotique, chlorhydrique, sulfurique isolés, sont sans action sur ce métal. Les alliages d'or et de cuivre servent à la fabrication des monnaies, des médailles, des bijoux. L'or est aussi utilisé pour la dorure. On essaye les alliages d'or avec la *pierre de touche* et le *touchau.*

CHAPITRE XII

MAGNÉSIUM — NICKEL — ÉTAIN — MERCURE — PLATINE

101. **Magnésium ($Mg = 24$). — Préparation.** — Le magnésium s'obtient en décomposant le chlorure de magnésium soit par le courant électrique, soit par le sodium en présence du chlorure de potassium et du chlorure de calcium.

Propriétés. — C'est un métal blanc d'argent, très léger, brûlant dans l'air avec une flamme éblouissante (fig. 3), parce que les particules de magnésie produites sont portées à l'incandescence. Cette lumière est très riche en rayons chimiques, c'est-à-dire est capable d'influencer les sels d'argent; c'est pourquoi on l'utilise pour photographier dans l'obscurité.

Principaux composés. — La *magnésie* (MgO) est une substance blanche, inodore, insipide, insoluble dans l'eau. Elle est employée contre les aigreurs d'estomac et comme purgatif léger; c'est le contre-poison des sels d'arsenic.

Le *sulfate de magnésium* (SO^4Mg) est un sel blanc, d'une saveur amère, soluble dans l'eau. C'est un purgatif souvent employé sous le nom de *sel de Sedlitz* ou *sel d'Epsom.* Il existe à l'état naturel dans certaines eaux minérales (eau de Sedlitz).

102. Nickel ($Ni = 59$.) — État naturel et propriétés. — Le nickel se trouve souvent dans les minerais de fer. Le nickel s'extrait généralement de son sulfure, qu'on transforme en sulfate. Ce sel, ou mieux le sulfate double de nickel et d'ammonium, constitue l'électrolyte qui, par le passage du courant électrique, fournira le métal.

Le nickel est un corps presque aussi blanc que l'argent, de densité 9, moins fusible que le fer, ductile, laminable, très tenace, inaltérable à l'air. Il donne des sels qui sont verts en dissolution, et jaunes lorsqu'ils sont anhydres.

Usages. — On l'emploie pour recouvrir les objets métalliques qu'on veut préserver de l'oxydation (*nickelage*). Il entre dans la composition d'alliages usités dans la fabrication de certaines monnaies étrangères, des canons, et pour le doublage des navires.

103. Étain ($Sn = 118$). — L'étain s'extrait de la *cassitérite* ou bioxyde d'étain naturel, qu'on réduit par le charbon.

Propriétés. — L'étain est un métal blanc d'argent, très malléable, mais peu tenace, faisant entendre, quand on le ploie, un bruit particulier (cri de l'étain). Il fond à 230°; sa densité est 7,2.

L'étain ne s'altère pas à l'air à la température ordinaire, mais il s'oxyde facilement quand on le chauffe à 200°. Il est attaqué par l'acide chlorhydrique, qui le transforme en chlorure d'étain ($SnCl^2$). L'acide azotique l'attaque aussi à froid. L'acide sulfurique ne l'attaque qu'à chaud et concentré. L'étain est attaqué par l'eau salée. Il se combine facilement au soufre, au phosphore, au chlore.

Avec le soufre, il donne un bisulfure d'étain jaune, connu sous le nom d'*or mussif*. Les sels d'étain sont inoffensifs à petite dose.

Usages. — L'étain sert à fabriquer des ustensiles de table, des mesures pour les liquides; on l'emploie pour étamer le cuivre et le fer (fer-blanc); en feuilles minces, il sert à envelopper le chocolat; il entre dans la composition du bronze, de la monnaie de cuivre, de la soudure des plombiers; on l'associe au mercure pour l'étamage des glaces.

104. Mercure ($Hg = 200$). — État naturel et propriétés. — Le mercure se rencontre quelquefois à l'état natif; le plus souvent on l'extrait du *cinabre* (sulfure de mercure), par grillage.

C'est un métal blanc brillant, liquide à la température ordinaire, de densité 13,60; il se solidifie à −40°, et bout à 350°, en répandant des vapeurs incolores très vénéneuses.

Le mercure s'oxyde lentement à l'air à la température ordinaire. Le chlore, l'acide azotique, l'attaquent à froid; l'acide sulfurique à la température de l'ébullition.

Principaux composés. — Les *composés chlorés* sont le *chlorure mercureux, calomel* ou *protochlorure de mercure* insoluble, c'est un purgatif et un vermifuge; et le *chlorure mercurique, sublimé corrosif* ou *bichlorure de mercure*. Ce dernier, un peu soluble dans l'eau, est un antiseptique puissant; c'est aussi un poison très violent dont l'antidote est le blanc d'œuf. Le sublimé corrosif s'emploie pour préserver les collections d'histoire naturelle contre les ravages des insectes.

Le *sulfure de mercure* artificiel est noir ou rouge, suivant les procédés de préparation. Le rouge est le *vermillon* employé en peinture. C'est un poison violent.

105. **Platine** (Pt = 195). — **État naturel et extraction.** — Le platine se trouve à l'état natif dans les roches quartzeuses, dans les sables d'alluvions (Brésil, Sibérie). Il est mélangé à d'autres métaux rares: palladium, rhodium, iridium, rhuténium, osmium. Pour l'isoler, on traite la mine de platine par l'acide azotique; la dissolution obtenue est évaporée et le résidu repris par l'eau est d'abord soumis à l'ébullition, puis additionné d'un excès de sel ammoniac. Il se produit ainsi un chlorure double d'ammonium et de platine, mélangé d'un peu d'iridium. Ce chlorure, lavé par le sel ammoniac, est, après dessiccation, décomposé au rouge. Le résidu est une masse spongieuse de platine mêlé de très peu d'iridium.

Fig. 35. Lampe sans flamme.

Propriétés. — Le platine est un métal blanc; très malléable et très ductile; il ne fond qu'à 1775°; sa densité est 21,5. Il ne s'oxyde à aucune température. Comme l'or, il n'est attaqué que par l'eau régale. Il est poreux et s'échauffe en condensant les gaz; une spirale de platine, portée au rouge et placée dans un verre au fond duquel se trouve un peu d'éther (fig. 35), reste incandescente (*lampe sans flamme*).

Usages. — Le platine sert à fabriquer des creusets et des cornues pour les laboratoires, des alambics pour la concentration des acides, etc.

CHIMIE ORGANIQUE

CHAPITRE XIII

NOTIONS PRÉLIMINAIRES

106. Objet de la Chimie organique. — La *chimie organique* est la partie de la chimie qui étudie les nombreux composés que l'on rencontre dans les tissus des végétaux ou des animaux : sucres, graisses, urée, amidon, etc. Jusqu'en 1828, on regardait comme impossible la reproduction artificielle de ces composés, auxquels on réservait le nom de *substances organiques.*

Mais à cette époque, un chimiste allemand, Wöhler, chauffa un composé connu sous le nom de cyanate d'ammonium, et obtint un corps identique à l'urée qui existe dans presque tous les organes du corps humain. C'était la première synthèse d'une substance organique. Depuis lors les synthèses analogues se sont multipliées très rapidement. On connaît aujourd'hui plus de 100000 composés organiques, et ce nombre augmente tous les jours. Comme tous ces composés renferment du carbone, on peut dire que *la chimie organique est la chimie des composés du carbone.*

107. Principes immédiats. — On appelle *principes immédiats* des composés dont les propriétés sont bien définies et qui présentent toujours, quelle que soit leur origine, les mêmes caractères : par exemple, une forme cristalline définie, un point de fusion et un point d'ébullition déterminés, etc. Tels sont : le sucre, la benzine, la cellulose, etc.

108. Analyses. — 1° Analyse immédiate. — L'analyse *immédiate* consiste à isoler et à déterminer les principes immédiats renfermés dans une substance organique; l'analyse immédiate de la farine montre que cette matière renferme de l'amidon, de l'albumine, du sucre, etc.

2° Analyse élémentaire. — L'analyse *élémentaire* consiste à déterminer la nature et les proportions relatives des corps simples qui constituent une substance organique; on reconnaît ainsi, par exemple, que l'amidon se compose de 6 atomes de carbone combinés à 10 atomes d'hydrogène et à 5 atomes d'oxygène : sa formule est $C^6H^{10}O^5$.

109. Composition des substances organiques. — Les principaux éléments que l'on rencontre dans les substances organiques sont l'*hydrogène*, le *carbone*, l'*oxygène* et l'*azote*.

Dosage de l'hydrogène et du carbone. — Pour doser l'hydrogène et le carbone, on s'appuie sur le principe suivant :

Fig. 30.
Dosage de l'hydrogène et du carbone dans une matière organique.

A, tube contenant un mélange de la matière organique et d'oxyde de cuivre; — B, tube à chlorure de calcium; — C et D, tubes à potasse. — E, extrémité soudée que l'on brise à la fin de l'opération, pour mettre A en communication avec une source d'oxygène sec.

Quand on chauffe dans un tube A (fig. 30), avec de l'oxyde

de cuivre, une substance renfermant ces deux éléments, l'hydrogène passe tout entier à l'état d'eau, le carbone à l'état d'anhydride carbonique. La vapeur d'eau formée est retenue par un tube en U, B, préalablement taré, contenant du chlorure de calcium, $CaCl^2$, avec de la pierre ponce imbibée d'acide sulfurique. La potasse placée dans un tube Liébig retient l'anhydride carbonique. A la suite du tube de Liébig C, se trouve un nouveau tube en U, D, contenant de la potasse caustique fondue, qui arrête les petites quantités d'eau enlevées par le gaz sec à la solution de potasse.

A la fin de l'opération on fait passer, dans le tube contenant la matière organique, un courant d'oxygène sec venant d'un gazomètre; cet oxygène oxyde les parties de la matière organique qui auraient pu rester intactes. L'augmentation de poids des tubes B, C et D donnera le poids de la vapeur d'eau et du gaz carbonique.

Connaissant le poids moléculaire 18 de l'eau (H^2O, $H = 1$, $O = 16$) et le poids atomique de l'hydrogène, la formule H^2O indique que le poids de l'hydrogène est égal au $\frac{1}{9}$ du poids de l'eau recueillie.

Connaissant de même : le poids moléculaire 44 du gaz carbonique (CO^2, $C = 12$, $O = 16$), le poids atomique du carbone 12 et celui de l'oxygène 16, on voit que CO^2 renferme les $\frac{3}{11}$ de son poids de carbone. Il suffit donc de prendre les $\frac{3}{11}$ de l'augmentation de poids du tube de Liébig.

Dosage de l'oxygène. — Si, avec les deux éléments ci-dessus, la substance à analyser contient de l'oxygène, à l'exclusion de l'azote, le poids de celui-ci s'obtient en retranchant du poids de la substance analysée la somme des poids de l'hydrogène et du carbone.

Dosage de l'azote. — Pour doser l'azote, on calcine les matières organiques avec de l'oxyde de cuivre. Le gaz carbonique et la vapeur d'eau sont arrêtés comme ci-dessus. L'azote se dégage et est recueilli dans un tube gradué. On ajoute de la tournure de cuivre à la partie antérieure du tube, afin de décomposer les vapeurs nitreuses qui se forment presque toujours dans la combustion des matières azotées.

On peut encore transformer en ammoniaque l'azote des substances azotées, et recueillir le gaz qui se dégage dans une liqueur sulfurique titrée.

Remarque. — Toutes les substances chimiques, simples ou combinées, peuvent entrer dans la composition des corps inorganiques. Elles y sont ordinairement associées dans des rapports simples. Les corps organisés, au contraire, ne renferment que trois ou quatre éléments, qui sont le carbone, l'hydrogène, l'oxygène et l'azote, ordinairement combinés dans des rapports très complexes.

Conséquence. — Une substance organique complètement brûlée ne peut donc donner que des produits volatils, qui sont l'anhydride carbonique, la vapeur d'eau et l'ammoniaque; tandis que les substances minérales donnent généralement un résidu après leur calcination. Ainsi, l'amidon calciné à l'air, l'alcool qui brûle, ne laissent aucun résidu; au contraire, la calcination du chlorate de potassium, de l'azotate de sodium, donnent des résidus fixes.

110. Fonctions chimiques. — On peut définir les corps par l'ensemble des propriétés qui dérivent du mode de groupement de leurs atomes. Les propriétés communes à toute une catégorie de corps constituent leur *fonction chimique*. Par exemple, la *fonction alcool*, dont le type est l'*alcool ordinaire*, est caractérisée par l'ensemble des propriétés suivantes, qui seront étudiées en détail au chapitre de l'alcool ordinaire : 1° Les alcools forment avec les acides des éthers et de l'eau; 2° oxydés avec ménagement, ils se transforment en aldéhydes; 3° oxydés plus profondément, ils se transforment en acides.

En chimie organique, où le mode de groupement des atomes dans la molécule est très variable, on classe les corps d'après leur fonction, en neuf catégories principales : 1° les *carbures d'hydrogène;* 2° les *alcools;* 3° les *aldéhydes;* 4° les *acides;* 5° les *éthers;* 6° les *alcalis;* 7° les *amides*; 8° les *amines* et 9° les *phénols*.

111. Radicaux. — Les radicaux sont des groupements moléculaires capables de passer, par double décomposition, d'un composé dans un autre, à la façon des corps simples. Le composé AzH^4 (*ammonium*) peut être considéré comme un type de radical monovalent; le groupe AzH^2 (*amidogène*), et CH^2 (*méthylène*), sont des radicaux bivalents.

RÉSUMÉ

La **Chimie organique** est la chimie des composés du carbone. La première synthèse d'une substance organique fut faite en 1828 par Wöhler, qui prépara l'urée en partant du cyanate d'ammonium. Depuis, ces synthèses se sont multipliées prodigieusement.

Les *principes immédiats* sont des composés doit les propriétés sont bien définies et présentent toujours les mêmes caractères.

L'*analyse immédiate* isole les principes immédiats renfermés dans une substance organique, et en détermine la nature.

L'*analyse élémentaire* détermine la nature et les proportions relatives des corps simples qui entrent dans la composition d'une matière organique.

Les principaux éléments constitutifs des substances organiques sont : le carbone, l'hydrogène, l'oxygène et l'azote. Pour doser l'hydrogène et le carbone, on transforme ces deux corps en eau et en gaz carbonique, que l'on absorbe respectivement par du chlorure de calcium et de la potasse. Il suffit de noter l'augmentation de poids des matières absorbantes, pour en déduire le poids des éléments cherchés.

Si la matière renferme, avec l'hydrogène et le carbone, de l'oxygène, le poids de ce dernier gaz s'obtient par différence.

S'il y a en outre de l'azote, ce gaz se dégage et est recueilli dans un tube gradué, ou est transformé en ammoniaque.

Les corps organisés ne renferment généralement que ces éléments, mais combinés dans des rapports très complexes.

La *fonction chimique* d'un corps est l'ensemble des propriétés communes à toute une catégorie. Les principales fonctions de la chimie organique sont : les alcools, les aldéhydes, les acides, les éthers, les phénols, etc.

Les *radicaux* sont des groupements moléculaires, capables de passer par double décomposition d'un composé dans un autre, à la façon des corps simples.

CHAPITRE XIV

CARBURES — MÉTHANE — PÉTROLES

§ I. — Carbures d'hydrogène.

112. Définition et propriétés générales. — Les *carbures d'hydrogène*, ou *hydrocarbures*, sont des composés binaires, formés d'hydrogène et de carbone. Ils brûlent tous facilement en donnant de la vapeur d'eau et du gaz carbonique, si l'oxygène est en quantité suffisante; mais si la combustion est incomplète à cause du manque d'oxygène, il se produit soit un dépôt de charbon, soit des composés plus complexes.

La température d'inflammation, la chaleur et l'éclat de la flamme varient d'un carbure à l'autre. En général, on a une lumière brillante si le carbone est en excès, et une flamme pâle dans le cas où l'oxygène est en excès.

Il existe un nombre considérable d'hydrocarbures. Les uns sont gazeux, tels que le méthane, l'acétylène, etc.; les autres liquides, comme les pétroles, la benzine; d'autres sont solides, par exemple : la vaseline, la paraffine, etc.

Tous ces carbures peuvent être groupés par familles, ou séries homologues, de corps présentant des propriétés communes. L'étude d'un des types de chacun des principaux groupes fera connaître les propriétés essentielles des autres corps de la série correspondante. Ainsi l'étude du méthane, de l'éthylène, de l'acétylène et de la benzine révélera les propriétés du premier terme des séries les plus importantes, et par conséquent des autres carbures qui en font partie.

§ II. — Méthane, ou gaz des marais, = CH^4.

113. État naturel et production. — Le *méthane*, appelé encore *formène, hydrure de méthyle, hydrogène protocarburé, grisou*, etc., prend naissance dans la décomposition des matières organiques. C'est pourquoi il se trouve en abondance dans la vase des marais.

Dans quelques régions de la Perse, de l'Italie, de la France (surtout dans le Dauphiné), il se dégage des fissures du sol en grande quantité. Ce dégagement annonce la présence du pétrole.

Dans certaines mines de houille, il s'échappe brusquement et en abondance des fissures laissées entre les blocs de charbon, se répand dans les galeries et forme avec l'air un mélange qui, au contact d'une flamme, produit les explosions terribles connues sous le nom de *feu grisou*.

Le gaz d'éclairage renferme une forte proportion de méthane.

114. Extraction du formène de la vase des marais. — Pour recueillir le formène, on remplit d'eau un flacon auquel est adapté un entonnoir (fig. 37); on renverse l'appareil, de façon à le maintenir dans l'eau, et, au moyen d'un bâton, on agite la vase sous l'entonnoir; les bulles de gaz viennent se réunir dans le flacon. Le gaz ainsi obtenu est loin d'être pur.

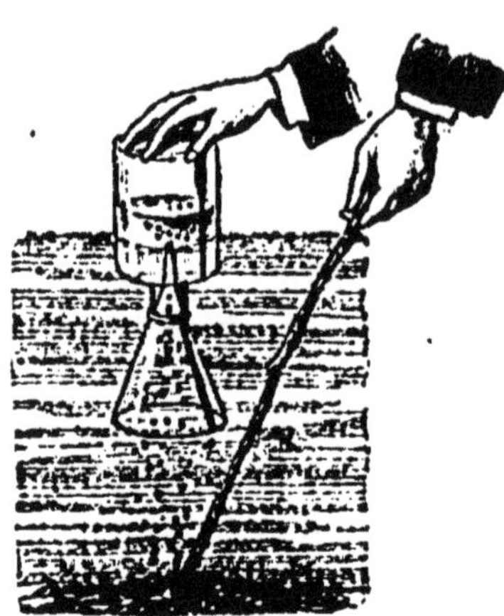

Fig. 37. — Gaz des marais.

115. Préparation de laboratoire. — Le méthane se produit en chauffant un mélange de 2 parties d'acétate de potassium, 2 parties de potasse caustique et 3 parties de chaux vive. La réaction peut s'exprimer par l'équation :

$$\underset{\text{Acétate de potassium.}}{C^2H^3O^2K} + \underset{\text{Potasse caustique.}}{KOH} = \underset{\text{Carbonate de potassium.}}{CO^3K^2} + \underset{\text{Formène.}}{CH^4}$$

La chaux vive ne produit aucune action chimique. Mais elle rend le mélange plus intime; car, à la haute température à laquelle est porté le mélange, la potasse fondrait, descendrait au fond de la cornue, et par suite la réaction cesserait. Le gaz qui se dégage passe dans des flacons laveurs et est recueilli sur la cuve à eau (fig. 38).

On peut remplacer, dans la préparation précédente, l'acétate de potassium par celui de sodium, et le mélange de potasse caustique et de chaux vive par la *chaux sodée*. Cette dernière substance est obtenue en éteignant de la chaux vive dans une dissolution de soude, et en calcinant le produit de la réaction. Si l'on avait fait réagir la soude seule sur l'acétate de sodium, la silice du verre se serait combinée avec la base alcaline pour former un silicate de sodium fusible. La chaux empêche cette combinaison.

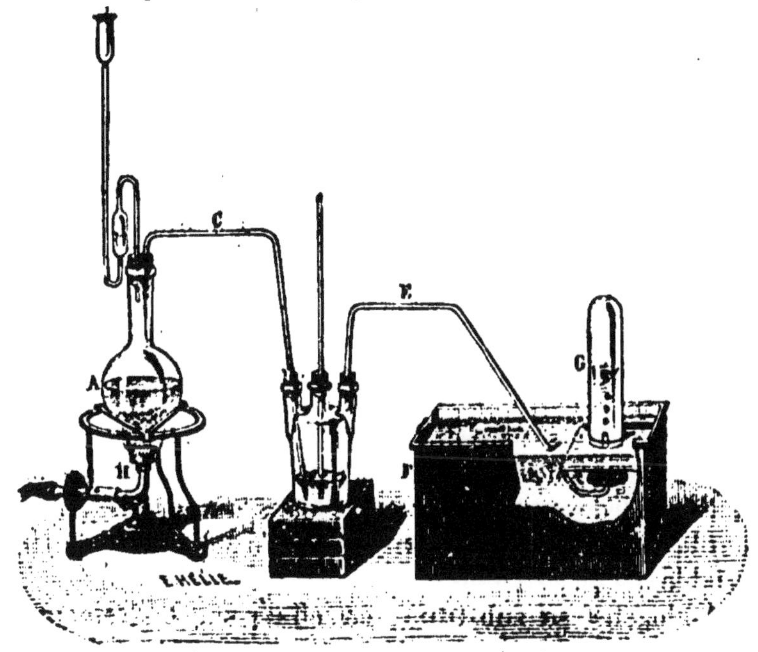

Fig. 38. — Préparation du méthane.

La réaction peut se formuler comme il suit :

$$\underset{\text{Acétate de sodium.}}{C^2H^3O^2Na} + \underset{\text{Soude caustique.}}{NaOH} = \underset{\text{Carbonate de sodium.}}{CO^3Na^2} + \underset{\text{Formène.}}{CH^4}$$

116. Propriétés physiques. — Le formène est un gaz incolore, inodore, très léger, sa densité égale 0,559. A 0°, et sous la pression de 76cm, un litre de ce gaz pèse 0gr,72. Ce corps est peu soluble dans l'eau.

117. Propriétés chimiques. — Action de l'oxygène. — Le méthane est un gaz très combustible, qui, à l'approche d'un corps allumé, brûle avec une flamme peu éclairante, en donnant de la vapeur d'eau et du gaz carbonique :

$$\underset{\text{Méthane.}}{CH^4} + \underset{\text{Oxygène.}}{O^4} = \underset{\text{Gaz carbonique.}}{CO^2} + \underset{\text{Eau.}}{2H^2O}$$

Un mélange de 2 volumes de méthane et de 4 volumes d'oxygène détone avec une grande violence, au contact d'une bougie allumée.

Lorsqu'on enflamme le formène dans une éprouvette étroite, l'hydrogène brûle seul et le carbone se dépose sur les parois.

Action du chlore. — Un mélange de 2 volumes de méthane et 4 volumes de chlore, exposé aux rayons solaires ou mis en présence d'une flamme, donne lieu à une réaction très vive. Il y a dépôt de carbone et formation d'acide chlorhydrique :

$$\underset{\text{Méthane.}}{CH^4} + \underset{\text{Chlore.}}{2Cl^2} = \underset{\text{Carbone.}}{C} + \underset{\text{Acide chlorhydrique.}}{4HCl}$$

A la lumière solaire diffuse, la réaction est plus lente; on obtient encore de l'acide chlorhydrique; mais le carbone, au lieu de devenir libre, entre dans une série de corps dont la composition renferme un nombre d'atomes de chlore variable avec la durée de l'action de ce métalloïde.

L'halogène se substitue, en effet, successivement aux quatre atomes d'hydrogène du méthane, pour former quatre composés différents, appelés *produits de substitution*.

La réaction initiale peut s'exprimer par la formule suivante :

$$\underset{\text{Méthane.}}{CH^4} + \underset{\text{Chlore.}}{Cl^2} = \underset{\text{Chlorure de méthyle.}}{CH^3Cl} + \underset{\text{Acide chlorhydrique.}}{HCl} \quad (1)$$

Si l'action du chlore se prolonge, on a une nouvelle réaction :

$$\underset{\text{Chlorure de méthyle.}}{CH^3Cl} + \underset{\text{Chlore.}}{Cl^2} = \underset{\text{Chlorure de méthylène.}}{CH^2Cl^2} + \underset{\text{Acide chlorhydrique.}}{HCl} \quad (2)$$

Le chlore agit ensuite sur le chlorure de méthylène, pour donner le chloroforme $CHCl^3$:

$$\underset{\text{Chlorure de méthylène.}}{CH^2Cl^2} + \underset{\text{Chlore.}}{Cl^2} = \underset{\text{Chloroforme.}}{CHCl^3} + \underset{\text{Acide chlorhydrique.}}{HCl} \quad (3)$$

Enfin, par l'action du chlore sur le chloroforme, on obtient le tétrachlorure de carbone :

$$\underset{\text{Chloroforme.}}{CHCl^3} + \underset{\text{Chlore.}}{Cl^2} = \underset{\text{Tétrachlorure de carbone.}}{CCl^4} + \underset{\text{Acide chlorhydrique.}}{HCl} \quad (4)$$

De ces quatre composés de substitution, le premier CH^3Cl est un gaz ; les trois autres sont des liquides, de moins en moins volatils. Le plus important est le chloroforme obtenu dans la réaction (3).

Autres actions. — Le *brome* et l'*iode* donnent, avec le méthane, des produits de substitution analogues à ceux que forme le chlore.

118. Chloroforme ($CHCl^3$). — Préparation. — Pour préparer le chloroforme, on chauffe avec précaution, dans une grande cornue de verre, 20 parties de chlorure de chaux $\{(ClO)^2Ca + CaCl^2\}$ avec 10 parties de chaux vive, 80 parties d'eau et 3 parties d'alcool. Le mélange mousse abondamment et se boursoufle ; on écarte alors le feu, jusqu'à ce que la distillation se ralentisse. Le liquide recueilli est un mélange de chloroforme, d'alcool, d'acide chlorhydrique et d'eau. On lave d'abord à l'eau pour enlever l'alcool, puis avec du carbonate de sodium pour éliminer l'acide chlorhydrique ; enfin, on le dessèche sur le chlorure de calcium, et on le rectifie au bain-marie.

Propriétés. — A. *Physiques.* — Le chloroforme est un liquide incolore, très mobile, doué d'une odeur éthérée agréable, rappelant celle des pommes rainettes, d'une saveur sucrée. Sa densité est 1,48 ; il bout à 60°. Il dissout le phosphore, le soufre, le brome, l'iode, les corps gras et, en général, toutes les matières riches en carbone.

B. *Chimiques.* — Le chloroforme pur s'altère à l'air et à la lumière. La vapeur de chloroforme se décompose au rouge en donnant du carbone, du chlore et de l'acide chlorhydrique :

$$\underset{\text{Chloroforme.}}{CHCl^3} = \underset{\text{Carbone.}}{C} + \underset{\text{Chlore.}}{Cl^2} + \underset{\text{Acide chlorhydrique.}}{HCl}$$

Introduit dans les voies respiratoires, le chloroforme est un anesthésique puissant.

119. Carbures saturés. — La composition du méthane, déterminée à l'aide de l'eudiomètre, conduit à la formule :

$$\begin{array}{c} H \\ | \\ H-C-H \\ | \\ H \end{array} \quad \text{ou} \quad C \equiv H^4$$

Ce gaz ne peut donc pas se combiner par addition avec un autre corps, car il ne présente plus de valence libre; il est dit *saturé*. Mais il pourra former des composés provenant de la substitution d'un élément ou d'un radical à l'un des atomes de l'hydrogène du groupe CH^4; les nouveaux corps ainsi obtenus sont des produits de substitution.

Cette propriété, de ne pouvoir donner naissance qu'à des composés de substitution, caractérise toute une série de corps : les *carbures saturés*, ou *carbures forméniques*, dont le méthane, ou formène, est le plus simple.

120. Composés organiques dérivant du méthane. — Par la substitution d'un atome d'iode à un atome d'hydrogène du méthane (CH^4) on obtient un liquide, l'iodure de méthyle (CH^3I).

Pour réaliser cette opération, il suffit d'introduire peu à peu des fragments de phosphore dans la dissolution de l'iode dans l'*alcool de bois* ou *alcool méthylique*, et de distiller au bain-marie : c'est-à-dire en plongeant dans de l'eau chaude le vase qui contient le produit de la réaction.

Un morceau de sodium, ajouté à la dissolution de l'iodure de méthyle dans l'éther, donne naissance à un gaz qui a pour formule C^2H^6.

La réaction est exprimée par l'équation suivante :

$$\underset{\text{Iodure de méthyle.}}{2CH^3I} + \underset{\text{Sodium.}}{2Na} = \underset{\text{Iodure de sodium.}}{2NaI} + \underset{\text{Éthane.}}{CH^3-CH^3} \quad (1)$$

2 atomes de sodium s'emparent de 2 atomes d'iode pour former de l'iodure de sodium; et les deux radicaux méthyle,

qui ont une valence libre, se saturent réciproquement pour former un corps nouveau, l'éthane (C^2H^6).

La formule de constitution de ce composé est :

$$\begin{array}{ccccccc} & & H & & H & & \\ & & | & & | & & \\ H & - & C & - & C & - & H \\ & & | & & | & & \\ & & H & & H & & \end{array} \quad \text{ou} \quad CH^3-CH^3$$

L'éthane dérive donc du méthane, dans lequel on a remplacé un atome d'hydrogène par le radical monovalent méthyle (CH^3).

On peut introduire un nouveau radical méthyle dans l'éthane (C^2H^6) et obtenir un nouveau corps, le *propane* (C^3H^8). Il suffit pour cela de faire agir le sodium sur un mélange d'iodure d'éthyle (C^2H^5I) et d'iodure de méthyle (CH^3I). La réaction est la suivante :

$$\underset{\text{Iodure d'éthyle.}}{C^2H^5I} + \underset{\text{Iodure de méthyle.}}{CH^3I} + \underset{\text{Sodium.}}{Na^2} = \underset{\text{Iodure de sodium.}}{2NaI} + \underset{\text{Propane.}}{C^2H^5-CH^3} \quad (2)$$

La molécule de propane résulte de la soudure des deux radicaux éthyle (C^2H^5) et méthyle (CH^3), qui présentaient chacun une valence libre. La formule de constitution de ce nouveau corps est :

$$\begin{array}{ccccccccc} & & H & & H & & H & & \\ & & | & & | & & | & & \\ H & - & C & - & C & - & C & - & H \\ & & | & & | & & | & & \\ & & H & & H & & H & & \end{array}$$

Par une réaction analogue à celles qui sont exprimées par les équations (1) et (2), on peut remplacer un atome d'hydrogène du propane par un radical méthyle (CH^3), et l'on obtient le *butane* :

$$(C^4H^{10}) \quad \text{ou} \quad CH^3-CH^2-CH^2-CH^3$$

En continuant à opérer de la sorte, on obtient des corps de plus en plus riches en carbone, et dont chacun contient un radical CH^2 de plus que le terme qui le précède dans la série.

Les hydrocarbures saturés peuvent donc être dérivés du

méthane (CH^4). Mais, comme ces corps sont des composés naturels, on peut aussi les obtenir autrement. Ainsi le pétrole, que l'on rencontre abondamment dans le sol de certaines régions, est un mélange de tous ces hydrocarbures.

§ III. — Pétrole.

121. État naturel et extraction. — Le pétrole *brut* forme de véritables lacs souterrains, sur les bords de la mer Caspienne et en Amérique. Il est surtout exploité en grand dans la vallée d'*Oil-Creek*, en *Pensylvanie*, et à *Bakou*, dans la région du *Caucase*.

L'extraction se fait de la manière suivante : après avoir

Fig. 39. — Puits de pétrole (Amérique).

creusé des puits (fig. 39), dont la profondeur peut varier de 20 à 200 mètres, on aspire le pétrole avec des pompes, et on le soumet à la distillation fractionnée.

Quelquefois les trous de sonde deviennent de véritables sources jaillissantes : c'est le cas où la nappe liquide est surmontée de produits gazeux qui exercent à la surface du pétrole une pression suffisante pour le faire monter au niveau du sol. Mais généralement cette pression des gaz diminue assez rapidement, et au bout d'un temps plus ou moins long on est obligé de recourir aux pompes.

122. **Distillation fractionnée.** — La distillation fractionnée se pratique sur place. Le pétrole brut est introduit dans de grandes cornues en fer, placées loin de tout foyer et chauffées progressivement à l'aide de la vapeur.

En opérant ainsi on obtient les composés suivants :

1° Le produit qui distille avant 70° est **l'éther de pétrole**, liquide très volatil et très inflammable. Un litre de ce corps ne pèse que 600 grammes.

2° Entre 70° et 150°, on recueille **l'essence de pétrole**, appelée encore **essence minérale**, ou ligroïne. Elle est employée pour l'éclairage dans les lampes à éponge; elle dissout les corps gras.

3° **L'huile de pétrole** ne distille qu'entre 150° et 280°; elle est moins volatile et moins inflammable que l'essence de pétrole; elle ne brûle pas sans mèche.

4° Entre 280° et 400°, passent les **huiles lourdes** de pétrole, qui servent au chauffage et au graissage des machines.

5° Si l'on arrête l'opération à une température plus élevée, et avant que la distillation soit complètement terminée, il reste dans la cornue un résidu qui en se solidifiant donne la **paraffine**.

C'est une substance blanche, ayant la consistance de la cire. Elle fond vers 60° et, comme tous les hydrocarbures saturés, elle présente une grande résistance à l'action des réactifs; de là son nom, formé de deux mots latins signifiant « peu d'affinité [1] ».

La paraffine est employée en physique comme substance isolante. Elle sert aussi à la fabrication des bougies qui brûlent sans fumée.

6° Si l'on clarifie sur du noir animal un mélange de paraffine et d'huiles lourdes de pétrole, après l'avoir concentré par la chaleur, on obtient une substance blanche et grasse

---

[1] Le nom de paraffine s'étend à tous les carbures de la série C^nH^{2n+2}.

ressemblant au saindoux; c'est la vaseline. Elle est sans odeur ni saveur, ne rancit pas à l'air et fond à 40°. Elle remplace la graisse dans certaines préparations pharmaceutiques. Depuis quelques années, elle est employée aussi dans la parfumerie.

RÉSUMÉ

Les **carbures d'hydrogène** sont des composés binaires formés d'hydrogène et de carbone; leur nombre est considérable; tous brûlent facilement en donnant de la vapeur d'eau et du gaz carbonique. La flamme est généralement brillante si le carbone est en excès, et pâle si c'est l'oxygène.

On rencontre des carbures gazeux, liquides et solides. Tous ces carbures peuvent se grouper par familles de corps présentant des propriétés communes.

Le **méthane**, ou *formène*, prend naissance dans la décomposition des matières organiques; ainsi il se trouve dans la vase des marais. Dans quelques régions il se dégage des fissures du sol et annonce la présence du pétrole. Il forme avec l'air un mélange explosif connu sous le nom de *feu grisou*.

On peut retirer le formène de la vase des marais. Dans les laboratoires, on le prépare en chauffant un mélange d'acétate de potassium, de potasse caustique et de chaux vive, ou mieux un mélange d'acétate de sodium ou de chaux sodée.

Le formène est un gaz incolore, inodore, très léger, peu soluble dans l'eau. Il brûle en présence de l'oxygène avec une flamme peu éclairante, et donnant de la vapeur d'eau et du gaz carbonique. Quatre volumes d'oxygène, mélangés à deux volumes de formène, détonent avec violence au contact d'une flamme.

Le *chlore* décompose vivement le méthane à la lumière solaire, ou en présence d'une flamme. A la lumière diffuse, la réaction est beaucoup plus lente; il se produit une série de composés de substitution, dont les principaux sont : le chlorure de méthyle et le chloroforme.

Le *brome* et l'*iode* donnent des produits de substitution analogues.

En chauffant, avec précaution, un mélange de chlorure de chaux et de chaux vive, on obtient un produit duquel on retire facilement le *chloroforme,* liquide incolore, très mobile, d'une odeur éthérée agréable, d'une saveur sucrée, s'altérant à l'air et se décomposant au rouge en carbone, chlore et acide chlorhydrique. Ce liquide est un anesthésique puissant.

On détermine la composition du méthane en faisant jaillir l'étincelle électrique dans un mélange de 2 volumes de ce gaz avec 6 volumes d'oxygène. On constate ainsi que le méthane est une combinaison de 1 volume de carbone avec 4 volumes d'hydrogène.

Les **carbures saturés**, ou **forméniques**, sont des corps qui, comme le méthane, ne peuvent donner naissance qu'à des produits de substitution. Ces carbures, dont les principaux sont : le méthane CH^4, l'éthane C^2H^6, le propane C^3H^8, le butane C^4H^{10}, etc., sont tous compris dans la formule générale C^nH^{2n+2}.

On pourrait les obtenir en partant du méthane ; mais on préfère les retirer des produits naturels et en particulier des pétroles.

Le **pétrole** forme de véritables lacs souterrains, sur les bords de la mer Caspienne et en Amérique. Après avoir creusé des puits qui atteignent la nappe liquide, on aspire les produits à l'aide de pompes, et on les soumet à la distillation fractionnée. Le pétrole se trouve ainsi divisé en *éther, essence, huile légère, huiles lourdes, paraffine* et *vaseline*.

CHAPITRE XV

L'ÉTHYLÈNE — L'ACÉTYLÈNE

§ I. — Éthylène, C^2H^4.

Outre la série des hydrocarbures saturés, il existe d'autres carbures qui renferment moins d'hydrogène. Ainsi à l'éthane (C^2H^6), carbure saturé, correspond un carbure non saturé, l'éthylène (C^2H^4), qui est le premier terme de la série des hydrocarbures non saturés, dont la formule est C^nH^{2n}.

123. **Préparation.** — L'éthylène s'obtient en chauffant au bain de sable, vers 160° environ, un mélange de 2 volumes d'acide sulfurique avec 1 volume d'alcool éthylique (C^2H^6O).

Pour réaliser cette préparation, il faut introduire dans un ballon en verre mince et trempé dans l'eau froide, d'abord l'alcool, puis peu à peu l'acide sulfurique, en ayant soin d'agiter constamment le mélange, afin d'éviter une réaction trop vive. D'habitude, on met un peu de sable siliceux au fond du ballon, pour empêcher le boursouflement qui ne manquerait pas de se produire.

Si la température restait au-dessous de 160°, on aurait l'éther des pharmaciens.

En apparence, tout se passe comme s'il y avait déshydratation de l'alcool. La réaction peut s'exprimer par l'équation :

$$\underset{\text{Alcool éthylique.}}{C^2H^6O} = \underset{\text{Eau.}}{H^2O} + \underset{\text{Éthylène.}}{C^2H^4}$$

En réalité, la réaction est plus complexe. L'éthylène qui se dégage est mêlé de vapeurs d'éther et d'alcool, de gaz carbonique et de gaz sulfureux. Aussi fait-on traverser aux

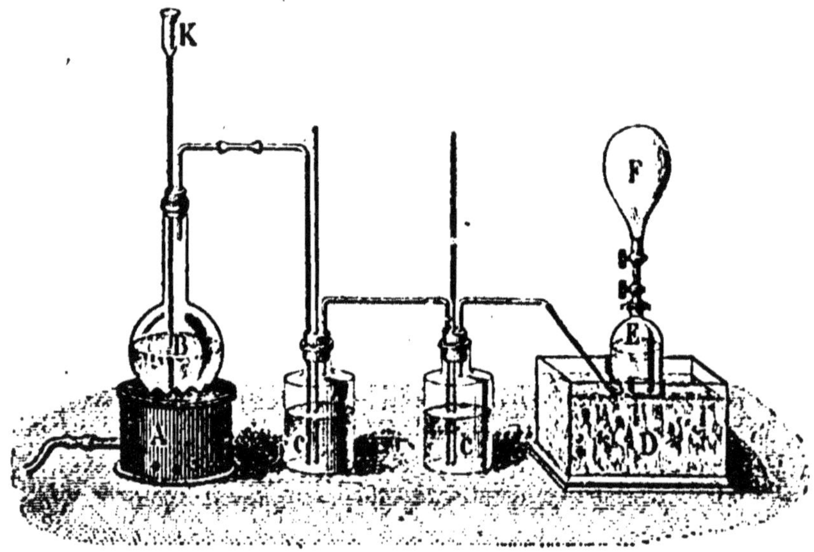

Fig. 40. — Préparation de l'éthylène.

produits gazeux deux flacons laveurs (fig. 40) contenant : le premier, de l'acide sulfurique pour arrêter les vapeurs d'éther et d'alcool ; le second, de la potasse pour retenir les anhydrides carbonique et sulfureux qui peuvent se produire à la fin de l'opération. On recueille le gaz éthylène sur la cuve à eau.

124. Propriétés physiques. — L'éthylène est un gaz incolore, d'une faible odeur éthérée, très peu soluble dans l'eau. Sa densité est 0,97, ce qui donne pour le poids du litre de gaz à 0° et à la pression de 76cm :

$$1,293 \times 0,97 = 1^{gr},254$$

125. Propriétés chimiques. — Action de l'oxygène. — L'éthylène est un gaz combustible : au contact de l'oxygène de l'air, il brûle facilement avec une flamme très éclairante. Les produits de la réaction varient avec les proportions relatives des deux gaz en présence :

Si l'oxygène est en excès, on a du gaz carbonique et de l'eau :

$$\underset{\text{Éthylène.}}{C^2H^4} + \underset{\text{Oxygène.}}{6O} = \underset{\text{Gaz carbonique.}}{2CO^2} + \underset{\text{Eau.}}{2H^2O} \qquad (1)$$

Le mélange de 3 vol. d'oxygène et de 1 vol. d'éthylène fait explosion au contact d'une flamme.

Si la proportion d'éthylène augmente, il se produit de l'eau et de l'oxyde de carbone :

$$\underset{\text{Éthylène.}}{C^2H^4} + \underset{\text{Oxygène.}}{4O} = \underset{\text{Oxyde de carbone.}}{2CO} + \underset{\text{Eau.}}{2H^2O} \qquad (2)$$

Il peut même arriver que l'on obtienne seulement de l'eau et un dépôt de carbone :

$$\underset{\text{Éthylène}}{C^2H^4} + \underset{\text{Oxygène.}}{2O} = \underset{\text{Carbone.}}{C} + \underset{\text{Eau.}}{2H^2O} \qquad (3)$$

Les équations (2) et (3) se produisent particulièrement, lorsqu'on enflamme l'éthylène à l'orifice d'une éprouvette étroite.

Action du chlore. — *A la température ordinaire*, l'éthylène fixe deux atomes de chlore :

$$\underset{\text{Éthylène.}}{C^2H^4} + \underset{\text{Chlore.}}{Cl^2} = \underset{\text{Chlorure d'éthylène.}}{C^2H^4Cl^2}.$$

Le composé obtenu se produit lorsqu'on mélange, à la lumière diffuse, des volumes égaux d'éthylène et de chlore. En ouvrant le flacon qui contient ce mélange, sur la cuve à eau, on voit ce liquide remplir le flacon en totalité, tandis que sur les parois coulent des gouttelettes huileuses; ce qui a fait donner à l'éthylène le nom de *gaz oléfiant*. Ce composé huileux, découvert par quatre chimistes hollandais, est appelé *huile des Hollandais*. C'est du chlorure d'éthylène.

Au contact d'une flamme, le mélange de 1 volume d'éthylène et 2 volumes de chlore prend feu. Une flamme rouge, accompagnée d'un nuage de fumée, se propage lentement dans le mélange ; il se produit de l'acide chlorhydrique et un dépôt de charbon :

$$\underset{\text{Éthylène.}}{C^2H^4} + \underset{\text{Chlore.}}{4Cl} = \underset{\text{Carbone.}}{2C} + \underset{\text{Acide chlorhydrique.}}{4HCl}$$

Action du brome. — En versant dans un flacon plein d'éthylène un peu de brome, et en agitant, on voit la couleur du brome disparaître. Il s'est formé un bibromure d'éthylène ($C^2H^4Br^2$).

Action des acides. — L'éthylène se combine facilement avec certains acides.

Avec l'acide *iodhydrique* (HI) on obtient l'iodure d'éthyle (C^2H^5I) :

$$\underset{\text{Éthylène.}}{C^2H^4} + \underset{\text{Acide iodhydrique.}}{HI} = \underset{\text{Iodure d'éthyle.}}{C^2H^5I}$$

En agitant très longtemps un mélange d'éthylène et d'acide sulfurique, on obtient l'acide sulfovinique ($SO^4HC^2H^5$)

$$\underset{\text{Acide sulfurique.}}{SO^4 {<}{}^{H}_{H}} + \underset{\text{Éthylène.}}{C^2H^4} = \underset{\text{Acide sulfovinique.}}{SO^4 {<}{}^{C^2H^5}_{H}}$$

Cette réaction fut utilisée par Berthelot, quand il fit pour la première fois la synthèse de l'alcool.

126. Propriétés générales des carbures de la série éthylénique. — La série *éthylénique* comprend tous les carbures représentés par la formule générale C^nH^{2n}, et dont l'éthylène est le premier terme.

Les carbures de cette série possèdent deux atomes d'hydrogène de moins que les hydrocarbures saturés correspondants; ils ont donc deux valences libres, et peuvent se combiner soit à deux atomes de chlore, de brôme, d'iode; soit aux acides chlorhydrique, bromhydrique, iodhydrique, sulfurique, etc.

Les composés obtenus par la combinaison des carbures éthyléniques avec les éléments halogènes sont analogues aux bromures et chlorures d'éthylène étudiés ci-dessus.

Traités par la potasse, ces composés donnent des produits de substitution des carbures éthyléniques.

Ainsi l'huile des Hollandais $C^2H^4Cl^2$, chauffée avec de la potasse, donne la réaction exprimée par l'équation suivante :

$$\underset{\text{Chlorure d'éthylène.}}{C^2H^4Cl^2} + \underset{\text{Potasse.}}{KOH} = \underset{\text{Chlorure de potassium.}}{KCl} + \underset{\text{Eau.}}{H^2O} + \underset{\text{Éthylène monochloré.}}{C^2H^3Cl}$$

Les carbures *éthyléniques*, appelés aussi *oléfines*, sont tous des produits artificiels, qui peuvent être obtenus par la déshydratation des alcools correspondants :

$$\underset{\text{Formule des alcools.}}{C^nH^{2n+2}O} = \underset{\text{Eau.}}{H^2O} + \underset{\text{Carbure éthylénique.}}{C^nH^{2n}}$$

Cette déshydratation est ordinairement effectuée au moyen de l'acide sulfurique concentré, comme pour la préparation de l'éthylène, par exemple; on peut aussi déshydrater un alcool par le chlorure de zinc.

§ II. — Acétylène, C^2H^2.

Il existe une série d'hydrocarbures non saturés, renfermant deux atomes d'hydrogène de moins que les carbures éthyléniques. Leur formule générale est C^nH^{2n-2}; on les appelle *carbures acétyléniques*, parce que le premier terme de la série est l'acétylène.

127. **Production.** — L'*acétylène* se produit dans la combustion incomplète de la plupart des composés organiques. Ainsi l'inflammation de l'éther dans une éprouvette étroite produira de l'acétylène. Et en effet, du chlorure

cuivreux ammoniacal, bleu, introduit dans cette éprouvette avant l'inflammation, se transforme pendant la combustion en un composé rouge, insoluble, qui est l'acétylure cuivreux.

128. Préparation. — L'acétylène se prépare en décomposant le carbure de calcium par l'eau :

$$\underset{\text{Carbure de calcium.}}{C^2Ca} + \underset{\text{Eau.}}{2H^2O} = \underset{\text{Hydrate de calcium.}}{Ca(OH)^2} + \underset{\text{Acétylène.}}{C^2H^2}$$

On pourrait remplacer, dans cette préparation, le carbure de calcium par le carbure de baryum (C^2Ba). La réaction serait semblable :

$$\underset{\text{Carbure de baryum.}}{C^2Ba} + \underset{\text{Eau.}}{2H^2O} = \underset{\text{Hydrate de baryum.}}{Ba(OH)^2} + \underset{\text{Acétylène.}}{C^2H^2}$$

Préparation du carbure de calcium. — Le carbure de calcium (C^2Ca), matière grise et très dure, s'obtient en réduisant, dans un four électrique, la chaux par le charbon. La réaction peut s'exprimer par l'équation :

$$\underset{\text{Chaux.}}{CaO} + \underset{\text{Carbone.}}{3C} = \underset{\text{Carbure de calcium.}}{C^2Ca} + \underset{\text{Oxyde de carbone.}}{CO}$$

Cette réduction est devenue une opération industrielle très importante, depuis que l'on utilise l'acétylène dans l'éclairage.

129. Propriétés physiques. — L'acétylène est un gaz incolore, d'une odeur fétide alliacée; sa densité est 0,92. L'eau pure dissout à peu près son volume d'acétylène, mais l'eau salée n'en dissout que le vingtième de son volume.

A 0° et sous la pression de 21^atm^5, l'acétylène se liquéfie, et 1^l^ du liquide obtenu donne par évaporation 400^l^ de gaz.

130. Propriétés chimiques. — **Action de la chaleur ou de l'électricité.** — L'acétylène, soumis à l'action de la chaleur, dans une cloche courbe, peut se souder à lui-même et former la benzine.

$$\underset{\text{Acétylène.}}{3C^2H^2} = \underset{\text{Benzine.}}{C^6H^6}$$

L'action prolongée d'une température de plus en plus élevée donne successivement une série d'autres produits, tels que : la naphtaline, l'anthracène, etc.

L'acétylène gazeux ou liquide, soumis à une pression supérieure à 2^{atm}, se décompose en ses éléments, sous l'influence de l'étincelle électrique ou d'une élévation brusque et notable de la température. La décomposition est accompagnée d'une violente détonation :

$$\underset{\text{Acétylène.}}{C^2H^2} = \underset{\text{Carbone.}}{C^2} + \underset{\text{Hydrogène.}}{H^2}$$

De cette propriété ressort la nécessité de munir les générateurs d'acétylène de soupapes, réglées de telle façon, que le gaz ne puisse pas acquérir une pression dangereuse.

Action de l'oxygène. — L'acétylène brûle à l'air avec une flamme très éclairante. A volume égal, ce gaz donne 12 fois plus de lumière que le gaz d'éclairage. Mais comme l'acétylène renferme une forte proportion de carbone, il faut, pour que l'air arrive en quantité suffisante, employer dans l'éclairage des becs à ouverture extrêmement fine. La réaction produite peut se formuler par l'équation :

$$\underset{\text{Acétylène.}}{C^2H^2} + \underset{\text{Oxygène.}}{5O} = \underset{\text{Anhydride carbonique.}}{2CO^2} + \underset{\text{Eau.}}{H^2O}$$

Si la quantité d'oxygène était insuffisante pour brûler tout le carbone, la flamme serait fuligineuse.

En présence de la *potasse*, l'acétylène se combine à l'oxygène et à l'eau pour former de l'acide acétique ($C^2H^4O^2$) :

$$\underset{\text{Acétylène.}}{C^2H^2} + \underset{\text{Oxygène.}}{O} + \underset{\text{Eau.}}{H^2O} = \underset{\text{Acide acétique.}}{C^2H^4O^2}$$

En brûlant l'acétylène dans un chalumeau, avec un mélange d'air et d'oxygène, on obtient une source de chaleur aussi intense que l'arc électrique, et capable de fondre le platine en quelques secondes.

Action du chlore. — La molécule d'acétylène, mise en présence du chlore, peut fixer directement soit *deux*, soit *quatre* atomes de ce dernier gaz, pour former les composés $C^2H^2Cl^2$ et $C^2H^2Cl^4$. On a, suivant le cas :

$$\underset{\text{Acétylène.}}{C^2H^2} + \underset{\text{Chlore.}}{Cl^2} = \underset{\text{Chlorure d'acétylène.}}{C^2H^2Cl^2}$$

$$\underset{\text{Chlorure d'acétylène.}}{C^2H^2Cl^2} + \underset{\text{Chlore.}}{Cl^2} = \underset{\text{Éthane tétrachloré.}}{C^2H^2Cl^4}$$

Si l'on enflamme le mélange de chlore et d'acétylène, il se forme de l'acide chlorhydrique avec dépôt de charbon :

$$\underset{\text{Acétylène.}}{C^2H^2} + \underset{\text{Chlore.}}{Cl^2} = \underset{\text{Acide chlorhydrique.}}{2HCl} + \underset{\text{Carbone.}}{C^2}$$

Action de l'azote. — L'acétylène fixe l'azote, sous l'influence de l'étincelle électrique, en formant de l'acide cyanhydrique (HCAz) :

$$\underset{\text{Acétylène.}}{C^2H^2} + \underset{\text{Azote.}}{Az^2} = \underset{\text{Acide cyanhydrique.}}{2(CAzH)}$$

Action de l'hydrogène. — Si l'on chauffe fortement le mélange d'acétylène et d'hydrogène, on a la réaction :

$$\underset{\text{Acétylène.}}{C^2H^2} + \underset{\text{Hydrogène.}}{H^2} = \underset{\text{Éthylène.}}{C^2H^4}$$

Action des hydracides. — Une molécule d'acétylène peut fixer soit *une*, soit *deux* molécules d'un *hydracide*. Ainsi avec l'acide iodhydrique on aura :

$$\underset{\text{Acétylène.}}{C^2H^2} + \underset{\text{Acide iodhydrique.}}{HI} = \underset{\text{Éthylène monoiodé.}}{C^2H^3I}$$

ou

$$\underset{\text{Acétylène.}}{C^2H^2} + \underset{\text{Acide iodhydrique.}}{2HI} = \underset{\text{Iodure d'éthylène.}}{C^2H^4I^2}$$

Action du cuivre. — L'acétylène forme avec le chlorure cuivreux ammoniacal un composé rouge, d'*acétylure cuivreux*, corps très explosif.

131. Synthèse de l'acétylène. — M. Berthelot a le premier réalisé la synthèse de l'acétylène, en combinant directement le carbone et l'hydrogène sous l'influence de l'étincelle électrique.

A cet effet, il a fait jaillir l'arc voltaïque, alimenté par

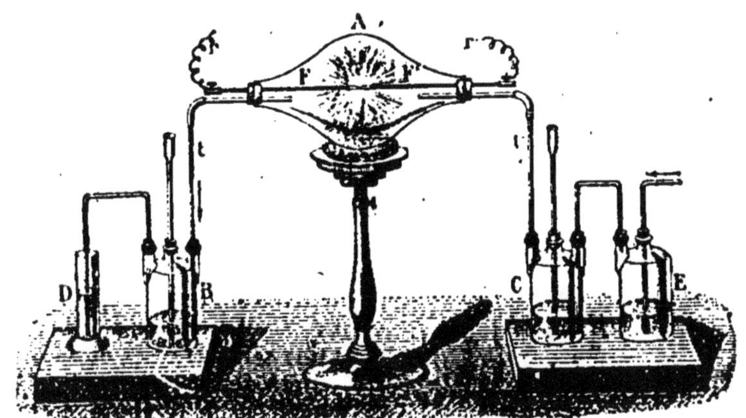

Fig. 41. — Synthèse de l'acétylène.

une pile de 40 éléments, entre deux charbons placés dans un ballon, traversé par un courant d'hydrogène (fig. 41).

132. **Générateurs d'acétylène.** — Les acétylogènes reposent sur le même principe que les appareils pour la production continue de l'hydrogène.

Deux flacons A et B (fig. 42) contiennent de l'eau; l'un, B, qui renferme en outre un panier métallique dans lequel on introduit du carbure de calcium, est surmonté d'un tube à dégagement par lequel le gaz pourra s'échapper.

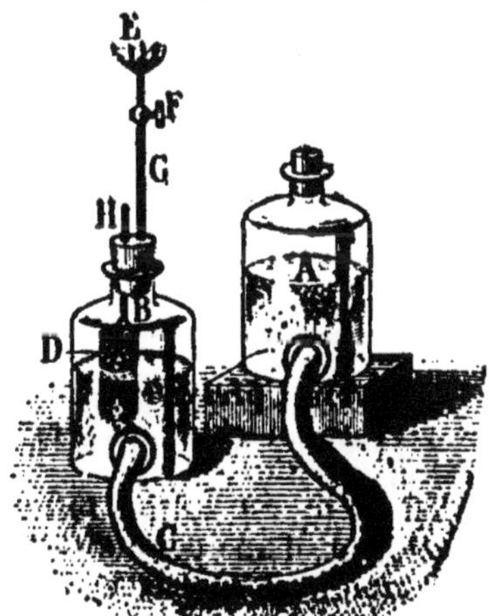

Fig. 42. — Principe de la production de l'acétylène.

On soulève le flacon A, l'eau monte dans B et atteint le panier D contenant le carbure; aussitôt, l'acétylène se produit et refoule l'eau. Si la pression du gaz diminue ensuite pour une cause quelconque, l'eau revient en B et attaque une nouvelle quantité de carbure, etc.

Les générateurs industriels, extrêmement nombreux et

variés, ne diffèrent entre eux que par la manière d'attaquer le carbure. On peut les ramener à deux catégories principales :

a) Les gazogènes où le carbure tombe dans l'eau par fragments.

b) Ceux où l'eau tombe goutte à goutte sur le carbure.

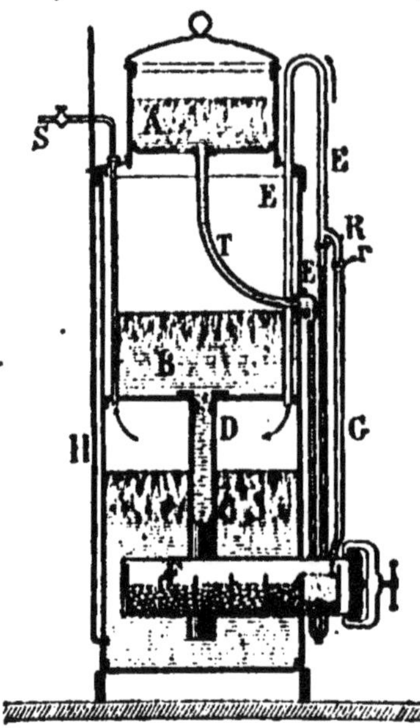

Fig. 43. — Générateur industriel d'acétylène.

Parmi les systèmes de la seconde catégorie, on peut signaler celui de Capelle-Lacroix (fig. 43).

133. Générateur Capelle-Lacroix. — Le carbure est placé dans une série de cases du tiroir F. L'eau, versée en A, passe par le tube G et tombe sur le carbure contenu dans la première case. Le gaz produit se dégage par G, refoule l'eau, et se rend dans l'espace D, d'où il est distribué aux brûleurs.

Si, par suite du dégagement gazeux, la pression diminue en E, une nouvelle quantité d'eau arrive dans le tiroir et les mêmes phénomènes recommencent.

Lorsque le carbure d'une case est complètement transformé, l'eau passe par-dessus la séparation et attaque la substance contenue dans la case suivante, et ainsi de suite, jusqu'à ce que tout le carbure soit attaqué. Alors il faut renouveler la provision.

RÉSUMÉ

L'éthylène, premier terme de la série des hydrocarbures non saturés, se prépare en chauffant vers 160° un mélange d'acide sulfurique et d'alcool éthylique.

L'éthylène est un gaz incolore, d'une odeur éthérée, peu soluble dans l'eau, d'une densité voisine de 1.

Il brûle, au contact de l'air, avec une flamme très éclairante; les produits de la réaction varient avec les proportions relatives des deux gaz en présence.

A la lumière diffuse, des volumes égaux d'éthylène et de chlore se combinent pour former l'*huile des Hollandais*.

Si l'on enflamme le mélange de un volume d'éthylène et deux volumes de chlore, on obtient de l'acide chlorhydrique et un dépôt de charbon. Le brome disparaît dans un flacon plein d'éthylène en formant du bibromure.

L'éthylène donne, avec les acides, des produits d'addition. Les carbures éthyléniques sont ceux représentés par la formule générale C^nH^{2n}. Ils forment tous des produits d'addition. Les composés d'addition halogénés, traités par des alcalis à chaud, donnent des produits de substitution.

Les carbures éthyléniques sont tous des produits naturels, pouvant être obtenus par la déshydratation de l'alcool correspondant.

Les carbures **acétyléniques** sont des carbures renfermant deux atomes d'hydrogène de moins que les carbures éthyléniques. Leur formule générale est C^nH^{2n-2}.

L'**acétylène**, premier terme de cette série, se produit dans la combustion incomplète de la plupart des composés organiques. On le prépare en décomposant par l'eau le carbure de calcium, matière grise et très dure.

L'acétylène est un gaz incolore, d'une odeur alliacée, de densité 0,92, un peu soluble dans l'eau.

Sous l'action de la chaleur, les molécules d'acétylène se soudent pour former la benzine. L'étincelle électrique ou une élévation brusque de température décompose ce gaz soumis à une forte pression. L'acétylène brûle dans l'air avec une flamme douze fois plus éclairante que celle du gaz de houille. Si la quantité d'air est insuffisante pour transformer tous les éléments de l'acétylène en eau et en gaz carbonique, la flamme devient fuligineuse.

L'acétylène, mélangé d'air et d'oxygène, donne une flamme très chaude pouvant fondre le platine.

Ce gaz peut fixer directement *deux* ou *quatre* atomes de chlore. Il peut se combiner à chaud avec deux atomes d'hydrogène pour former l'éthylène. Sous l'influence de l'étincelle électrique, l'acétylène s'unit à l'azote pour former l'acide cyanhydrique.

L'*acétylure cuivreux*, résultat de l'action de l'acétylène sur le chlorure cuivreux ammoniacal, est un explosif. Une molécule d'acétylène peut fixer une ou deux molécules d'un hydracide.

Berthelot a réalisé la première synthèse de l'acétylène, en combinant directement le carbone et l'hydrogène, sous l'influence de l'étincelle électrique.

Les *générateurs industriels* de l'acétylène sont fondés sur le principe des appareils pour la production continue de l'hydrogène. On les divise en deux grandes catégories :

a) Les gazogènes où le carbure tombe dans l'eau;

b) — — l'eau tombe goutte à goutte sur le carbure.

CHAPITRE XVI

GAZ D'ÉCLAIRAGE — BENZINE — NAPHTALINE

134. Distillation sèche. — La distillation sèche est l'opération qui consiste à décomposer un corps par la chaleur et à recueillir les produits volatils qui s'en dégagent.

§ I. — Gaz d'éclairage.

135. Préparation. — Les premières notions relatives au gaz d'éclairage datent de 1785. Elles sont dues à l'ingénieur français Philippe Lebon, qui constata la formation de ce gaz dans la distillation sèche de la houille.

La fabrication du gaz d'éclairage comporte trois opérations :

1° La distillation de la houille;

2° L'épuration physique;

3° L'épuration chimique.

Distillation de la houille. — On distille la houille dans des cornues demi-cylindriques, en terre réfractaire, disposées

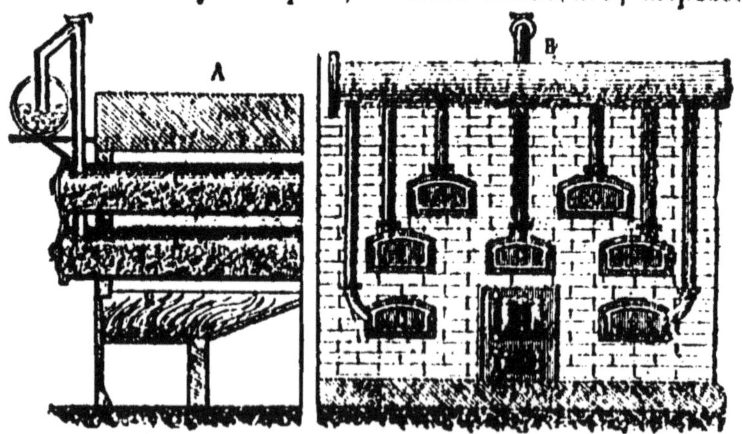

Fig. 44. — Cornues et four pour la distillation de la houille.

par batteries de 6, 7 ou 9 pour chaque foyer (fig. 44). Les

produits nombreux obtenus dans cette distillation peuvent se diviser en trois parties :

a) Les corps gazeux comprenant : méthane, éthane, éthylène, acétylène, vapeurs de benzine, hydrogène, oxyde de carbone, anhydride carbonique, acide sulfhydrique, etc.

b) Les liquides formant les *eaux ammoniacales* et les *goudrons*.

c) Les matières solides restées dans la cornue : *coke* et *charbon de cornues*. Ce dernier forme une croûte dure adhérente aux parois de la cornue.

L'épuration physique. — Le gaz résultant de la distillation passe dans un cylindre horizontal B (*barillet*), à moitié rempli d'eau se renouvelant constamment; il y abandonne des goudrons et des produits ammoniacaux. Il se rend ensuite dans une série de tubes verticaux en forme d'U renversés (*jeu d'orgue*), disposés au-dessus d'une caisse contenant de l'eau, où il dépose encore des sels ammoniacaux et des goudrons. L'épuration physique s'achève dans une colonne à coke, divisée en deux compartiments (fig. 45).

L'épuration chimique. — Le gaz pénètre ensuite dans des caisses en fonte, où il traverse un mélange de sesquioxyde de fer, de chaux éteinte, de plâtre et de sciure de bois : l'ammoniaque devient du sulfate d'ammonium ($SO^4(AzH^4)^2$) ; l'acide sulfhydrique, en présence de l'oxyde de fer, produit de l'eau et du sulfure de fer.

Gazomètres. — Ainsi épuré, le gaz est recueilli dans le gazomètre pour être distribué aux différents becs de consommation.

Les gazomètres sont des cloches en tôle, dont le volume, variable avec l'importance de l'exploitation, peut atteindre et même dépasser 30000 mètres cubes. Ces gazomètres plongent dans d'immenses bassins circulaires remplis d'eau; un système de contre-poids, placés à la partie supérieure de la cloche, fait équilibre à la pression du gaz, de bas en haut.

Fig. 45. — Vue d'ensemble des appareils nécessaires à la fabrication du gaz d'éclairage.

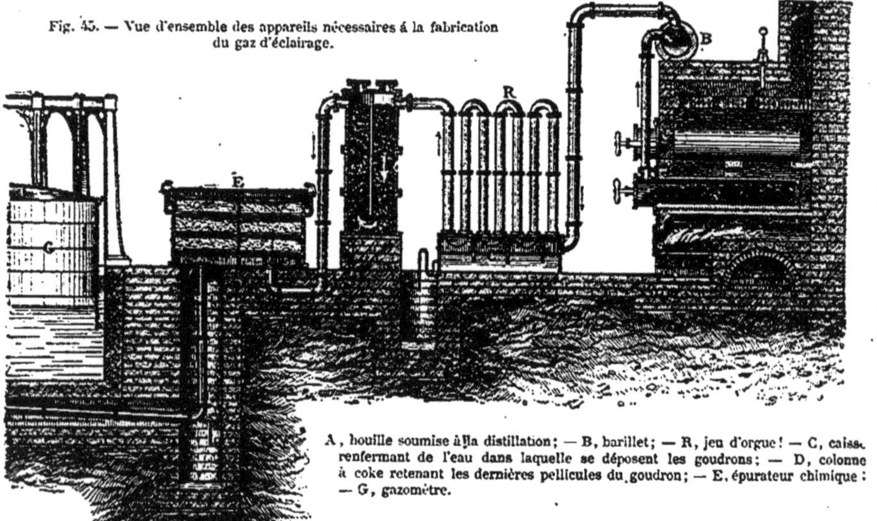

A, houille soumise à la distillation ; — B, barillet ; — R, jeu d'orgue ; — C, caisse renfermant de l'eau dans laquelle se déposent les goudrons ; — D, colonne à coke retenant les dernières pellicules du goudron ; — E, épurateur chimique ; — G, gazomètre.

136. Usages du gaz d'éclairage. — Le gaz de houille est employé à trois usages principaux :

1° Pour l'éclairage. — L'éclairage au gaz, établi à Londres en 1804, et à Paris en 1812, fut adopté peu à peu presque partout pour les appartements, les rues, les places publiques, etc. Les brûleurs ont subi bien des transformations depuis les premières *thermolampes* jusqu'aux *becs à incandescence*, dont le type est le *bec Auer*.

Bec Auer. — Le bec Auer a généralement remplacé dans les appartements les brûleurs connus sous les noms de : bec *papillon*, bec *Bengel*, bec *à récupération*, etc.

Auer s'est inspiré du principe appliqué dans la lampe de Drummond. Il a substitué au bâton de chaux de cette dernière un manchon en tissu de coton, imprégné d'oxydes infusibles.

Le manchon, après lavages successifs à l'ammoniaque, à l'acide chlorhydrique et à l'eau distillée, est séché, puis trempé, pendant un quart d'heure, dans une solution d'azotates de zirconium, de thorium, de lanthane, de didyme, etc. Au sortir de ce bain, les manchons sont d'abord séchés, puis calcinés. Les azotates se transforment ainsi en oxydes, qui, portés à l'incandescence, avec des brûleurs spéciaux, fournissent une lumière très intense.

2° Pour le chauffage. — La température élevée obtenue par la combustion complète du gaz d'éclairage a été utilisée pour chauffer les appartements, les fourneaux de cuisine, certains fours de laboratoires, etc.

Pour réaliser la combustion complète du carbone, Bunsen a imaginé un brûleur spécial. Le gaz arrive par un canal central dans un tube, percé, au niveau du dégagement du gaz, de deux ouvertures donnant accès à l'air. Le mélange de gaz et d'air vient brûler à l'orifice supérieur du tube. Une virole à frottement doux permet de régler l'admission de l'air.

La perfection d'un système de chauffage au gaz consiste à n'admettre que la quantité d'air rigoureusement nécessaire à la combustion complète du carbone. On est arrivé avec des fours à gaz aux températures de fusion de l'argent, de l'or, du cuivre, etc.; le platine lui-même, placé dans un creuset de chaux, a été fondu avec la flamme du chalumeau alimenté par le gaz et l'oxygène.

3° **Pour actionner les moteurs.** — Les moteurs à gaz se rattachent à des systèmes variés. Ceux qui paraissent donner le meilleur rendement sont les moteurs dits à *compression* et *combustion*, dans lesquels le mélange d'air et de gaz, comprimé d'abord par un piston, est enflammé automatiquement, ce qui produit une force expansive considérable.

§ II. — Produits secondaires obtenus dans la distillation de la houille. — Eaux ammoniacales. — Goudrons.

137. Eaux ammoniacales. — Les liquides obtenus dans l'épuration physique sont envoyés dans des puits profonds et abandonnés au repos.

Là ils se divisent en deux couches : l'inférieure, plus lourde, est formée par les *goudrons;* la supérieure, moins dense, constitue les *eaux ammoniacales*, qu'on peut ainsi séparer facilement de la masse liquide.

Ces eaux, mélangées avec de la chaux et distillées, dégagent du gaz ammoniac. Ce produit, reçu dans des cuves contenant des acides, formera les sels ammoniacaux correspondants. C'est ainsi que l'on prépare industriellement le sulfate et le chlorure d'ammonium. Pour avoir l'alcali pur, on emploie un appareil distillatoire spécial; le gaz est recueilli dans de l'eau acidulée, qui est ensuite soumise à une nouvelle distillation avec de la chaux, et l'alcali pur se dégage.

138. Goudrons. — Les goudrons sont des liquides noirs, visqueux, répandant une odeur forte. Ce sont des mélanges très complexes, dont la composition varie avec la nature des houilles traitées et la température atteinte dans les cornues pendant la distillation.

L'industrie traite ces liquides pour en retirer divers produits très recherchés. Les goudrons sont introduits dans de grands récipients cylindriques, en tôle ou en fonte, et dont la capacité varie de 10 à 20 mètres cubes.

Trois tubes distincts, munis de robinets, mettent ces récipients en communication avec trois serpentins différents, dont l'un est assez éloigné du foyer.

Ce dispositif ingénieux permet de séparer très facilement les produits qui distillent à des températures différentes.

Jusque vers 150°, on laisse la communication entre le récipient, chauffé à feu nu, et le serpentin le plus éloigné. Les vapeurs condensées forment les **huiles légères**.

Aussitôt que la température s'élève au-dessus de 150°, on ouvre le robinet qui établit la communication avec le second serpentin et on ferme le premier. La condensation des vapeurs produites entre 150° et 200° fournit les **huiles moyennes**.

Lorsque la température atteint 200°, on ouvre le troisième robinet et on ferme le second. Les produits qui distillent entre 200° et 300° forment les **huiles lourdes**.

Brai. — Si l'on arrête la distillation vers 300°, il reste dans la chaudière un liquide qui devient pâteux par refroidissement. Ce résidu, qui contient encore beaucoup d'huiles lourdes, constitue le *brai liquide*. Mélangé à du poussier de charbon il sert à fabriquer les *agglomérés*, utilisés pour chauffer les chaudières des locomotives ou des vaisseaux.

Si la distillation a été poussée plus loin, mais sans atteindre 360°, le résidu, qui renferme encore une petite quantité d'huiles lourdes, forme le *brai gras*. Ce corps est solide à la température ordinaire; mêlé avec le sable, il donne l'*asphalte artificiel*.

Enfin, au delà de 360°, toutes les huiles lourdes sont chassées; le résidu solide forme le *brai sec*. Ce corps, pulvérisé, est mélangé avec le brai liquide pour fabriquer les briquettes.

Huiles légères. — Les huiles légères sont additionnées d'abord de $\frac{1}{10}$ de leur poids d'acide sulfurique concentré, agitées puis abandonnées au repos. L'acide gagne le fond du récipient, après avoir dissous les composés azotés et les carbures éthyléniques. Cette solution est ensuite soutirée. L'industrie en retire les produits dissous, en particulier l'*aniline*.

Un traitement analogue par la soude caustique débarrasse les huiles légères des composés phénoliques, que l'on traite ensuite par un acide pour en retirer le *phénol*.

Les huiles purifiées sont distillées de nouveau. La condensation des produits, qui passent entre 80° et 130°, fournit un composé connu sous le nom de *benzol*, et avec lequel on prépare la *benzine*.

Huiles lourdes. — Les parties *liquides* des huiles lourdes abandonnent par refroidissement la *naphtaline*.

Les matières solides, séparées par compression des premières, sont soumises à la distillation. Les produits qui passent entre 340° et 360° laissent déposer l'*anthracène*.

Pour purifier ce corps, on le fait cristalliser plusieurs fois dans les huiles légères, en ayant soin de comprimer chaque fois les cristaux obtenus pour les débarrasser des produits liquides. Enfin la sublimation, vers 350°, fournit des cristaux incolores répondant à la formule $C^{14}H^{10}$.

Les huiles lourdes sont utilisées encore pour la conservation des bois, notamment des traverses de chemin de fer, qui en sont imprégnées par injection.

Huiles moyennes. — C'est des huiles moyennes que l'on retire surtout les phénols.

§ III. — Benzine, C^6H^6.

139. Extraction. — La benzine est un hydrocarbure qui se trouve en quantité notable dans les goudrons de houille. Une première distillation fractionnée des goudrons donne les huiles légères, desquelles on retire le benzol (voir n° 138). Ce corps est soumis à une nouvelle distillation fractionnée. En condensant les vapeurs qui passent entre 80° et 85°, on obtient un liquide qui abandonne, vers 0°, des cristaux de benzine pure.

Les produits qui se condensent à 108° constituent le *toluène*, dont la formule est $C^6H^5.CH^3$.

140. Préparation de laboratoire. — Dans les laboratoires, on se procure de la benzine en distillant, à une chaleur douce, un mélange d'acide benzoïque (C^6H^5,CO^2H) avec trois fois son poids de chaux vive (CaO).

La réaction est la suivante :

$$\underset{\text{Acide benzoïque.}}{C^6H^5,CO^2H} + \underset{\text{Chaux vive.}}{CaO} = \underset{\text{Benzine.}}{C^6H^6} + \underset{\text{Carbonate de calcium.}}{CO^3Ca}$$

Le produit, lavé à la potasse, séché sur le chlorure de calcium et rectifié, est de la benzine pure.

141. Propriétés physiques. — La benzine est un liquide limpide, très mobile, incolore, d'une odeur agréable ; sa densité est 0,9 ; elle bout à 80°, et se solidifie vers 0°, en lames cristallines, groupées en forme de feuilles de fougères ; les cristaux obtenus ne fondent plus qu'à 5°. La benzine du commerce, très impure, ne se solidifie qu'à une température assez basse.

Presque insoluble dans l'eau, à laquelle elle communique son odeur, la benzine est très soluble dans l'alcool et dans l'éther.

Elle dissout l'iode, le phosphore, le soufre, le camphre et un grand nombre de matières organiques riches en carbone.

142. Propriétés chimiques. — **Action de l'oxygène.** — La benzine, produit riche en carbone, est très combustible ; elle brûle à l'air avec une flamme fuligineuse.

Action du chlore. — En versant quelques gouttes de benzine dans un flacon exposé au soleil et plein de chlore, on voit une fumée blanche remplir le flacon. Après quelques instants, des cristaux d'hexachlorure de benzine très instables, $C^6H^6Cl^6$, se déposent sur les parois du vase :

$$\underset{\text{Benzine.}}{C^6H^6} + \underset{\text{Chlore.}}{Cl^6} = \underset{\text{Hexachlorure de benzine.}}{C^6H^6Cl^6}$$

Par l'ébullition avec une solution de potasse l'hexachlorure se dédouble. Il se produit la réaction exprimée par l'équation suivante :

$$\underset{\text{Hexachlorure de benzine.}}{C^6H^6Cl^6} + \underset{\text{Potasse.}}{3KOH} = \underset{\text{Chlorure de potassium.}}{3KCl} + \underset{\text{Eau.}}{3H^2O} + \underset{\text{Benzine trichlorée.}}{C^6H^3Cl^3}$$

Lorsqu'on fait agir le chlore sur la benzine, *à la lumière diffuse*, on obtient des produits de substitution chlorés, dont la composition varie avec la proportion des corps en présence et la durée du phénomène. Les réactions sont analogues à la suivante :

$$\underset{\text{Benzine.}}{C^6H^6} + \underset{\text{Chlore.}}{2Cl} = \underset{\text{Acide chlorhydrique.}}{HCl} + \underset{\text{Benzine monochlorée.}}{C^6H^5Cl}$$

On peut remplacer successivement les 6 atomes d'hydrogène de la benzine par 6 atomes de chlore. Les dérivés ainsi obtenus sont très stables.

Avec le brome, il se formerait dans les mêmes circonstances des dérivés bromés également très stables.

Action de l'acide azotique. — Versée peu à peu dans l'acide azotique fumant et refroidi, la benzine s'y dissout. Un grand excès d'eau, introduit dans cette dissolution, précipite un liquide huileux : c'est la nitrobenzine (C^6H^5, AzO^2), dont la formation correspond à l'équation :

$$\underset{\text{Benzine.}}{C^6H^6} + \underset{\text{Acide azotique.}}{AzO^3H} = \underset{\text{Eau.}}{H^2O} + \underset{\text{Nitrobenzine.}}{C^6H^5,AzO^2}$$

En opérant à chaud, on pourrait substituer de nouveaux radicaux azotyles (c'est ainsi que l'on désigne le groupement AzO^2) aux autres atomes d'hydrogène de la benzine et obtenir : la *dinitrobenzine* $C^6H^4(AzO^2)^2$, la *trinitrobenzine* $C^6H^3(AzO^2)^3$, etc.

La *nitrobenzine*, ou *essence de mirbane*, lavée tour à tour à l'eau alcaline et à l'eau distillée, est un liquide brun jaunâtre, d'une odeur d'amandes amères; ce qui la fait employer dans la parfumerie grossière. En distillant le mélange de nitrobenzine, d'acide chlorhydrique et de limaille de fer, on obtient l'*aniline* ($C^6H^5AzH^2$) :

$$\underset{\text{Nitrobenzine.}}{C^6H^5.AzO^2} + \underset{\text{Hydrogène.}}{6H} = \underset{\text{Eau.}}{2H^2O} + \underset{\text{Aniline.}}{C^6H^5.AzH^2}$$

Action de l'acide sulfurique. — La benzine se dissout à chaud dans l'acide sulfurique concentré, en donnant de l'acide phénylsulfureux :

$$\underset{\text{Benzine.}}{C^6H^6} + \underset{\text{Acide sulfurique.}}{SO^4H^2} = \underset{\text{Eau.}}{H^2O} + \underset{\text{Acide phénylsulfureux.}}{C^6H^5,SO^3H}$$

Cet acide donne, en se combinant avec les bases, des sels appelés *phénylsulfites*.

Si l'on chauffe vers 250° un mélange de potasse et d'acide phénylsulfureux, on obtient le *phénol* :

$$\underset{\substack{\text{Phénylsulfite}\\ \text{de potassium.}}}{C^6H^5.SO^3K} + \underset{\text{Potasse.}}{KOH} = \underset{\text{Phénol.}}{C^6H^5.OH} + \underset{\substack{\text{Sulfite}\\ \text{de potassium.}}}{SO^3K^2}$$

143. Synthèse de la benzine. — Berthelot a réalisé la synthèse de la benzine en chauffant, dans une cloche courbe, l'acétylène à une température voisine du rouge sombre :

$$\underset{\text{Acétylène.}}{3C^2H^2} = \underset{\text{Benzine.}}{C^6H^6}$$

144. Constitution de la benzine. — Cette synthèse nous conduit à la formule de constitution de la benzine. La formule de l'acétylène étant :

$$\begin{array}{l} C - H \\ ||| \\ C - H, \end{array}$$

on peut admettre que, pendant la réaction, une des valences des atomes du carbone se trouve libre

$$\begin{array}{l} - C - H \\ \;\;\;|| \\ - C - H, \end{array}$$

et que les trois molécules d'acétylène se soudent les unes aux autres, en échangeant entre elles ces valences libres. La formule de constitution sera alors :

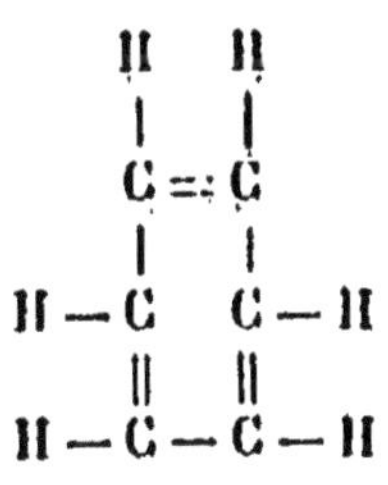

$$\begin{array}{ccccc} & H & & H & \\ & | & & | & \\ & C & = & C & \\ & | & & | & \\ H - & C & & C & - H \\ & || & & || & \\ H - & C & - & C & - H \end{array} \qquad \text{ou} \qquad \begin{array}{ccccccc} & & & H & & & \\ & & & | & & & \\ H & \diagdown & & C & & \diagup & H \\ & C & /\!/ & & \diagdown & C & \\ & | & & & & || & \\ & C & & & & C & \\ H & \diagup & \diagdown\!\!\diagdown & & \diagup & \diagdown & H \\ & & & C & & & \\ & & & | & & & \\ & & & H & & & \end{array}$$

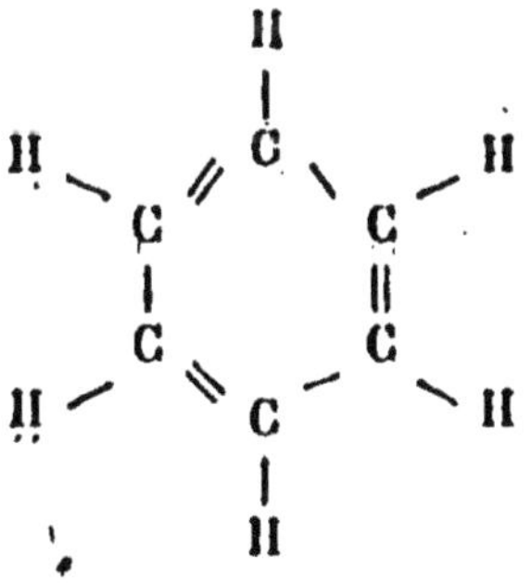

C'est l'hexagone de Kékulé.

§ IV. — Naphtaline, $C^{10}H^{8}$.

145. Préparation. — La naphtaline se retire par distillation des goudrons de houille (voir n° 138). On la purifie par cristallisation dans l'alcool et sublimation.

Pour la sublimer, on dispose un tonneau percé inférieurement au-dessus de la chaudière, dans laquelle se trouve la naphtaline impure. Celle-ci se vaporise sous l'action d'une chaleur douce et les vapeurs se rendent dans le tonneau, où elles se déposent sous forme de cristaux contre les parois.

Dans les laboratoires, on réalise cette sublimation en chauffant, au bain de sable, la naphtaline impure et en faisant passer les vapeurs à travers un papier filtre dans un cône en carton; les cristaux de naphtaline se déposent sur des fils qu'on a tendus dans le cône en carton.

146. Propriétés physiques. — La naphtaline se présente sous la forme de lamelles nacrées, légères et transparentes, fusibles à 79° et bouillant à 218°; elle se sublime même à la température ordinaire et disparaît peu à peu dans l'air. Insoluble dans l'eau, assez soluble dans l'alcool bouillant, la naphtaline est très soluble dans l'éther et dans la benzine.

147. Propriétés chimiques. — D'une façon générale, la naphtaline donne des réactions analogues à celles de la benzine.

Action des halogènes. — Avec le *brome* et le *chlore*, la naphtaline donne des produits très stables ($C^{10}H^{7}Br$, $C^{10}H^{6}Br^{2}$), comparables aux dérivés bromés et chlorés de la benzine.

Action des acides. — Avec l'*acide azotique fumant*, la naphtaline donne des dérivés nitrés, tels que la nitronaphtaline [$C^{10}H^{7}(AzO^{2})$]. Ce composé, comme la nitrobenzine, est réduit par l'hydrogène naissant en donnant une base organique, la *naphtylamine* ($C^{10}H^{7}AzH^{2}$), douée d'une odeur infecte, et servant, comme l'aniline, de point de départ à la préparation de nombreuses matières colorantes.

L'*acide sulfurique* dissout la naphtaline, en donnant naissance à des acides analogues à l'acide phénylsulfureux. Fondus avec la potasse, ces acides donnent les *naphtols*.

RÉSUMÉ

Lebon constata le premier la présence du gaz d'éclairage dans les produits de la distillation sèche de la houille.

La fabrication du gaz d'éclairage comprend : la *distillation de la houille* dans des cornues en terre réfractaire; l'*épuration physique* par refroidissement et lavage des produits; et l'*épuration chimique*, qui débarrasse le gaz surtout de l'acide sulfhydrique.

Les produits obtenus sont de trois sortes : les résidus solides, coke et charbon des cornues, qui restent dans les cornues; les parties liquides, qui constituent les goudrons; enfin les gaz, qui se rendent, après épuration, dans le gazomètre.

Le gaz d'éclairage est employé à trois usages principaux : l'éclairage, le chauffage, la marche des moteurs.

Le *bec Auer* a généralement remplacé pour l'éclairage les autres brûleurs à gaz. Dans ce bec, on porte à l'incandescence des oxydes infusibles, ce qui fournit une lumière intense.

Les liquides obtenus dans l'épuration physique fournissent les eaux ammoniacales, source du gaz ammoniac, et les goudrons proprement dits, qui, par distillation fractionnée, donnent les huiles légères, les huiles lourdes et le brai.

Les huiles légères servent à préparer l'aniline, le phénol et la benzine; les huiles lourdes donnent la naphtaline et l'anthracène.

Le brai est utilisé dans la fabrication des briquettes et de l'asphalte artificiel.

La **benzine** s'extrait, par distillation fractionnée, des goudrons de houille; on ne recueille que les produits qui passent entre 80° et 85°. Dans les laboratoires, on prépare la benzine pure en distillant un mélange d'acide benzoïque et de chaux.

C'est un liquide incolore, très mobile, d'une odeur agréable, de densité 0,9; elle bout à 80° et se solidifie vers 0°; elle est peu soluble dans l'eau, très soluble dans l'alcool et l'éther; elle dissout un grand nombre de corps comme l'iode, le phosphore, le soufre, le camphre, etc. Elle brûle avec une flamme fuligineuse; elle donne avec le chlore un produit d'addition instable, l'hexachlorure de benzine ($C^6H^6Cl^6$), sous l'influence des rayons solaires; à la lumière diffuse, le chlore forme, avec la benzine, des produits de substitution très stables.

La *nitrobenzine* ou *essence de mirbane* est obtenue en versant peu à peu la benzine dans l'acide azotique fumant.

Avec l'acide sulfurique concentré et chaud, la benzine forme l'acide phénylsulfureux, qui, chauffé vers 250° avec la potasse, donne le phénol.

La synthèse de la benzine, réalisée pour la première fois par Berthelot en chauffant de l'acétylène à une température voisine du rouge, conduit à la formule de constitution représentée par l'hexagone de Kékulé.

CHAPITRE XVII

ALCOOL MÉTHYLIQUE (ESPRIT DE BOIS OU MÉTHANOL) CH^4O ou $CH^3.OH$

148. Production. — L'alcool méthylique dérive du formène CH^4, par substitution du radical (OH) à un atome d'hydrogène.

Cette opération a pu se faire directement en combinant le formène au chlore, ce qui a donné le *chlorure de méthyle* CH^3Cl, puis en traitant ce chlorure par la potasse caustique :

CH^3Cl	+	KOH	=	KCl	+	$CH^3.OH$
Chlorure de méthyle.		Potasse.		Chlorure de potassium.		Alcool méthylique.

149. Préparation. — : **Distillation du bois.** — L'alcool méthylique est un des produits de la distillation sèche du bois. Celui-ci est introduit dans un cylindre clos A, en fonte,

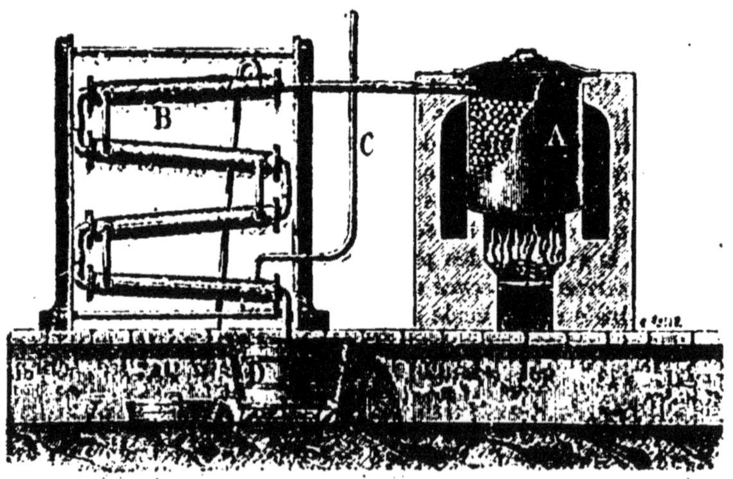

Fig. 46. — Distillation du bois.

placé dans un foyer en maçonnerie (fig. 46). Ce cylindre communique avec un serpentin B placé dans des tubes à eau froide. Il reste dans le cylindre chauffé du charbon de bois et il se condense dans le serpentin un mélange liquide très complexe, composé d'*eau*, de *goudron*, d'*alcool méthylique*, d'*acétone* et d'*acide acétique*; ce mélange s'appelle acide pyroligneux; il est la principale source de l'*esprit de bois* et de l'*acide acétique*. Cet acide pyroligneux se rassemble dans un bac D communiquant avec le serpentin. Les gaz combustibles tels que : hydrogène, oxyde de carbone, formène, etc., qui distillent sont ramenés par un tube dans le foyer, de sorte qu'une fois l'opération en train on n'a plus besoin d'y mettre d'autre combustible. Un stère de bois donne environ 5^{hl} d'acide pyroligneux et 200^{kg} de charbon de bois.

B. Traitement de l'acide pyroligneux pour en extraire l'alcool méthylique. — Par décantation, on sépare les goudrons non miscibles; les autres produits liquides sont redistillés et les produits volatils traversent une chaudière renfermant de l'eau, de la chaux et du sulfate de sodium; un agitateur mécanique maintient ce mélange intime. Les vapeurs d'acide acétique se transforment en acétate de sodium liquide; les produits gazeux qui échappent à la condensation sont un mélange d'alcool méthylique, d'eau et d'acétone.

En distillant ce mélange dans un appareil à colonne, les vapeurs qui passent entre 60° et 70° fournissent l'esprit de bois, assez impur, d'odeur désagréable, tel qu'on l'emploie dans les lampes à alcool.

Pour purifier cet alcool, on le transforme en oxalate de méthyle que l'on fait cristalliser. Les cristaux sont ensuite dissous dans l'eau, et traités par l'eau de baryte; après distillation on obtient l'alcool méthylique pur, mais étendu d'eau. Déshydraté par la chaux vive et la baryte caustique, et redistillé dans un appareil à colonne, à 65° ou 66°, l'alcool méthylique pur passera anhydre.

150. Propriétés physiques. — L'alcool méthylique est un liquide incolore, d'odeur assez agréable. Sa densité est 0,81; il bout à 66°5; il est soluble dans l'eau, l'alcool éthylique et l'éther ordinaire; il dissout les matières grasses, les essences, les résines, etc.

151. Propriétés chimiques. — **Action de l'oxygène.** —

En faisant agir à une haute température l'*oxygène* sur la vapeur d'alcool méthylique, il se produit de l'eau et de l'anhydride carbonique :

CH^4O	+	$3O$	=	CO^2	+	$2H^2O$	(1)
Alcool méthylique.		Oxygène.		Gaz carbonique.		Eau.	

L'alcool méthylique brûle avec une flamme pâle, car il ne contient que peu de carbone.

L'oxygène peut agir d'une façon moins énergique que dans la réaction (1); si l'oxydation n'est pas très profonde, il se produit de l'*aldéhyde formique :*

CH^4O	+	O	=	CH^2O	+	H^2O	(2)
Alcool méthylique.		Oxygène		Aldéhyde formique.		Eau.	

Cet aldéhyde formique, connu sous le nom de *formol,* est le meilleur désinfectant connu ; on le prépare directement par la combustion incomplète de l'alcool méthylique dans des lampes spéciales. Il fixe très facilement l'oxygène de l'air, pour se transformer en *acide formique.*

Oxydé fortement, l'alcool méthylique se transforme en acide formique :

CH^4O	+	$2O$	=	CH^2O^2	+	H^2O	(3)
Alcool méthylique.		Oxygène.		Acide formique.		Eau.	

La réaction (3) se produit en présence du noir de platine et de l'air.

Action des métaux alcalins. — Le *potassium* ou le *sodium,* introduits dans l'alcool méthylique, engendrent un dégagement d'hydrogène. Il reste un composé qui, traité par l'eau, régénère l'alcool méthylique avec formation de potasse ou de soude. Ces réactions peuvent être formulées par les équations (4) et (5) :

$CH^3.OH$	+	Na	=	$CH^3.ONa$	+	H	(4)
Alcool méthylique.		Sodium.		Alcoolate de sodium.		Hydrogène.	
$CH^3.ONa$	+	H^2O	=	$CH^3.OH$	+	$NaOH$	(5)
Alcoolate de sodium.		Eau.		Alcool méthylique.		Soude.	

Action des acides. — Lorsqu'on fait agir un acide sur l'alcool méthylique, il se produit un éther et de l'eau.

Le mélange d'alcool méthylique et d'acide chlorhydrique donne, au bout de quelques heures, la réaction (6) :

$$\underset{\text{Alcool méthylique.}}{CH^4O} + \underset{\text{Acide chlorhydrique.}}{HCl} = \underset{\text{Chlorure de méthyle.}}{CH^3Cl} + \underset{\text{Eau.}}{H^2O} \qquad (6)$$

Le *chlorure de méthyle* obtenu est un gaz qui, introduit dans un récipient refroidi, se transforme en un liquide bouillant à —22°. Ce corps est employé à produire de très basses températures. On le prépare industriellement.

L'*iodure de méthyle* se prépare par l'action de l'*acide iodhydrique* naissant sur l'alcool méthylique. Pour cela on fait, avec précaution, un mélange d'alcool, d'iode et de phosphore rouge et l'on distille :

$$\underset{\text{Phosphore.}}{P} + \underset{\text{Iode.}}{I^3} + \underset{\text{Alcool méthylique.}}{3CH^3.OH} = \underset{\text{Acide phosphoreux.}}{P(OH)^3} + \underset{\text{Iodure de méthyle.}}{3(CH^3.I)}$$

L'*iodure de méthyle*, liquide à la température ordinaire, sert à introduire le radical méthyle (CH^3) dans les molécules d'autres corps; par exemple, dans celle du *méthane* (CH^4), pour donner l'*éthane* (C^2H^6).

152. Usages de l'alcool méthylique. — Outre son usage comme combustible, l'alcool méthylique sert à dénaturer l'alcool industriel, à préparer un certain nombre de composés organiques tels que : l'aldéhyde formique, le chlorure de méthyle, etc. On l'utilise aussi pour la préparation des vernis à l'alcool.

RÉSUMÉ

L'alcool méthylique est un produit de la distillation sèche du bois.

Pour séparer l'alcool des autres liquides mélangés avec lui, on distille l'acide pyroligneux, en faisant traverser aux produits volatils une chaudière renfermant de l'eau, de la chaux et du sulfate de sodium. Les vapeurs non retenues par ce mélange liquide sont condensées et redistillées. Les produits qui passent entre 60° et 70° fournissent l'alcool méthylique impur, que l'on purifie en le transformant en cristaux d'oxalate de méthyle. Ces cristaux, dissous dans l'eau, sont traités à l'eau de baryte; une nouvelle distillation fournit l'alcool pur, mais hydraté. En distillant à nouveau ce produit, déshydraté par la chaux vive et la baryte caustique, on recueille vers 65° de l'alcool pur et anhydre.

L'alcool méthylique est un liquide incolore, d'une odeur agréable, de densité 0,81. Il bout à 66°,5, est soluble dans l'eau, dissout les matières grasses, les essences, les résines, etc.

Il brûle à l'air en donnant du gaz carbonique et de la vapeur d'eau. Si l'oxydation est moins énergique, il se produit soit de l'aldéhyde formique, soit de l'acide formique. Les métaux alcalins forment, avec l'alcool méthylique, des alcoolates alcalins avec dégagement d'hydrogène. Les acides donnent, avec cet alcool, un éther et de l'eau.

L'alcool méthylique est utilisé comme combustible; il sert, en outre, à dénaturer l'alcool industriel et à préparer certains composés organiques.

CHAPITRE XVIII

FERMENTATION ALCOOLIQUE — ALCOOL ÉTHYLIQUE

§ I. — Fermentations.

153. Ferments. — La *fermentation* est la réaction chimique provoquée dans une substance organique par les ferments.

Les *ferments* sont des êtres organisés microscopiques qui, placés dans des conditions favorables, vivent et se développent aux dépens d'une matière organique, qu'ils transforment en produits plus simples et parfaitement définis. Ainsi le ferment acétique transforme l'alcool en vinaigre; la levure de bière décompose le sucre en alcool et gaz carbonique, etc.

Le nombre des ferments est considérable; ils sont tous caractérisés par la propriété suivante : Le poids des ferments qui se développent pendant la fermentation est toujours très faible vis-à-vis des autres produits formés. Ces ferments organiques sont encore appelés *ferments figurés.*

Par analogie, on a appelé *ferments solubles,* ou *non figurés,* des substances chimiques nettement définies, et par conséquent non vivantes, qui jouissent de la propriété des ferments. Telle est la *diastase*, qui transforme l'amidon en glucose et en dextrine.

154. Fermentation putride. — La fermentation putride est l'altération des matières azotées (viandes, urine, etc.), sous l'influence d'un ferment figuré, qui décompose ces matières en eau, ammoniaque et gaz carbonique. On supprime cette fermentation en empêchant les ferments de se développer.

155. Conservation des matières organisées. — Depuis que l'on connaît l'origine et le mode de développement des ferments figurés, on a imaginé plusieurs méthodes pour empêcher leur action et conserver les matières alimentaires.

Ces méthodes sont :

1° *La dessiccation.* — Elle empêche le développement des germes.

2° *Le refroidissement.* — La glace sert souvent à conserver des viandes, du poisson, etc.

3° *La stérilisation* ou *pasteurisation.* — On porte la matière à conserver à une température suffisante pour détruire les germes. Pour le vin, il suffit d'une température de 55° à 60°. Dans d'autres cas, il faut une température plus élevée, mais qui ne dépasse pas 140°.

4° *La cuisson et la privation d'air.* — Les aliments cuits à l'ordinaire sont introduits dans des boîtes de fer-blanc fermées hermétiquement. On maintient ces boîtes dans l'eau bouillante pendant environ une heure. Les germes étant détruits par la chaleur, la conservation est assurée. C'est ainsi que l'on opère avec les viandes, les légumes secs, etc.

5° *Les antiseptiques.* — On a de tout temps employé le sel marin pour conserver les viandes. De même l'usage de les enfumer est très ancien; ce procédé doit son efficacité à la *créosote*, principe qui existe dans la fumée du bois.

Beaucoup de substances détruisent radicalement les germes : le phénol, l'acide borique, le sublimé corrosif, le permanganate de potassium, etc.; comme la plupart sont vénéneuses, elles ne peuvent servir à la conservation des aliments; mais elles sont d'un usage très fréquent en médecine.

156. Fermentation alcoolique. — La *fermentation alcoolique* est la transformation du sucre en alcool et anhydride carbonique, sous l'influence de la *levure de bière* (fig. 47), végétal microscopique qui se développe abondamment dans la fabrication de la bière.

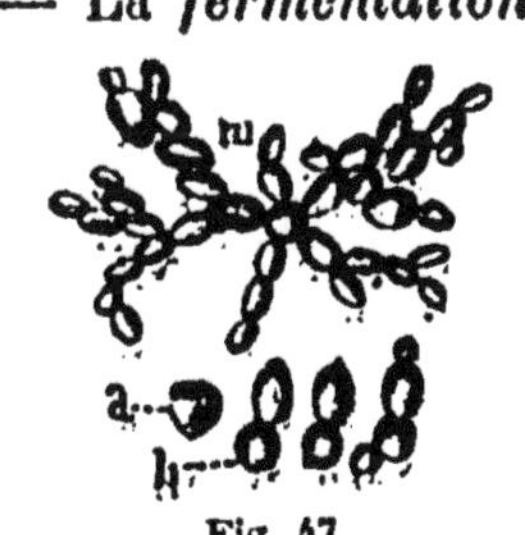

Fig. 47.
Levure de bière.

Pour réaliser la fermentation alcoolique, on met dans un flacon une dissolution sucrée, de sucre de raisin ou de glucose, par exemple, et l'on y ajoute une très petite quantité de levure.

Au bout de quelque temps, il se produit une vive effervescence et un dégagement abondant de gaz. Les bulles gazeuses reçues dans l'eau de chaux la troublent, c'est donc du gaz carbonique. Quant à la liqueur du flacon, elle a perdu sa saveur sucrée et a acquis une odeur vineuse tandis que la levure s'est notablement accrue. La distillation de cette liqueur fermentée donne de l'alcool. Le glucose s'est donc transformé, sous l'influence de la levure, en alcool et gaz carbonique.

La réaction est représentée par la formule suivante :

$$\underset{\text{Glucose.}}{C^6H^{12}O^6} = \underset{\text{Alcool éthylique.}}{2C^2H^6O} + \underset{\text{Gaz carbonique.}}{2CO^2} \quad (1)$$

Il se forme dans la fermentation, outre les nouvelles cellules de levure, des produits chimiques bien définis qui ne figurent pas dans la réaction (1), tels que la glycérine [$C^3H^5(OH)^3$] et l'acide succinique ($C^4H^6O^4$), que l'on trouve toujours dans la fermentation alcoolique.

§ II. — Alcool éthylique (Éthanol ou Alcool ordinaire).

Symbole : $C^2H^6.O$ ou $CH^3—CH^2.OH$.

157. État naturel et extraction. — L'*alcool ordinaire*, ou *alcool de vin*, n'existe pas tout formé dans la nature, ou du moins on ne le rencontre que rarement et en très petite quantité. Mais il résulte de la fermentation de toute espèce de sucre ; par conséquent, on peut l'extraire par distillation de tout liquide sucré ayant éprouvé la fermentation alcoolique, tels que : les vins, les mélasses, les jus de fruits, etc. Dans les laboratoires, cette distillation se fait dans un appareil analogue à celui de la figure 48. Une première distillation donne un alcool renfermant la moitié de son volume d'eau ; c'est l'*eau-de-vie ordinaire*. Des distillations successives le concentrent de plus en plus; enfin

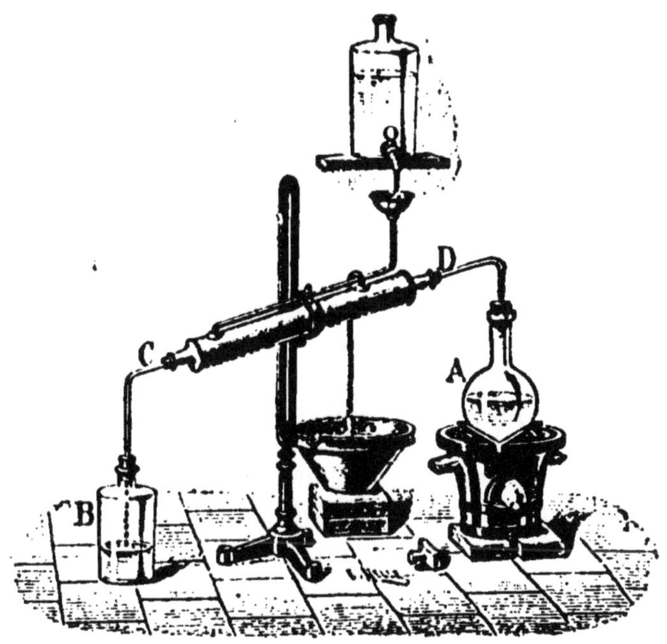

Fig. 48. — Préparation de l'alcool ordinaire.

une dernière opération, en présence du carbure de calcium, donne l'*alcool absolu* ou anhydre.

Les *rhums* sont les eaux-de-vie extraites du jus de la canne à sucre; les *kirschs* proviennent de la distillation des merises ou des cerises noires fermentées, ils renferment de l'essence d'amandes amères et de l'acide cyanhydrique.

158. **Industrie de l'alcool.** — L'industrie de l'alcool a pour but de convertir en alcool certaines substances qui ne fermentent pas naturellement.

1° **Les mélasses.** — Les mélasses des sucreries, traitées par l'acide sulfurique, donnent du sucre interverti capable de subir la fermentation sous l'influence de la levure de bière.

2° **Les betteraves.** — Les betteraves, découpées en fines tranches, sont introduites dans des cuves à eau acidulée; le jus sucré qui se produit est transformé en glucose par l'acide sulfurique. L'addition de levure de bière détermine la fermentation.

3° **Les pommes de terre et les graines amylacées.** — Les pommes de terre et les graines amylacées : blé, riz, maïs, etc., sont d'abord cuites, ce qui donne l'empois de fécule ou d'amidon. Ces substances sont ensuite chauffées avec de l'orge germée ; la diastase, ferment soluble qui se forme dans la germination de l'orge, transforme l'amidon en glucose. Ce dernier corps est susceptible de fermenter sous l'action de la levure.

Après fermentation, le liquide sucré est distillé, et il en résulte les divers produits connus sous les noms d'eau-de-vie, d'esprits et d'alcools rectifiés.

Les alcools d'industrie renferment des *alcools supérieurs*, comme l'alcool amylique ($C^5H^{11}OH$), etc., qui communiquent aux eaux-de-vie de betterave, de grains, de céréales, leurs propriétés toxiques.

159. **Propriétés physiques.** — L'alcool pur est un liquide très fluide, incolore, d'une odeur agréable. Sa densité est 0,8 ; il bout à 78° s'il est absolu, c'est-à-dire anhydre. Ce corps ne se solidifie qu'à — 130°.

160. **Propriétés chimiques.** — **Action de l'oxygène.** — En faisant agir, à haute température, l'oxygène sur la vapeur d'alcool, l'alcool est réduit en eau et en anhydride carbonique :

$$\underset{\text{Éthanol.}}{C^2H^6O} + \underset{\text{Oxygène.}}{6O} = \underset{\text{Eau.}}{3H^2O} + \underset{\text{Gaz carbonique.}}{2CO^2}$$

L'alcool brûle avec une flamme relativement pâle.

Si l'oxydation n'est pas très profonde, il se produit de l'aldéhyde :

$$\underset{\text{Éthanol.}}{C^2H^6O} + \underset{\text{Oxygène.}}{O} = \underset{\text{Aldéhyde.}}{C^2H^4O} + \underset{\text{Eau.}}{H^2O} \quad \text{ou} \quad = \underset{\text{Aldéhyde.}}{CH^3.COH} + \underset{\text{Eau.}}{H^2O}$$

Par une oxydation plus profonde, on a de l'acide acétique :

$$\underset{\text{Éthanol.}}{C^2H^6O} + \underset{\text{Oxygène.}}{2O} = \underset{\text{Acide acétique.}}{C^2H^4O^2} + \underset{\text{Eau.}}{H^2O}$$

L'oxygène, à la température ordinaire, n'agit sur l'alcool que dans des conditions spéciales, en présence des corps poreux par exemple.

Si l'on fait tomber goutte à goutte de l'alcool concentré sur du noir de platine contenu dans un vase, il se produit des vapeurs qui se condensent sur les parois du récipient : ces vapeurs sont un mélange d'acide acétique et d'aldéhyde.

La lampe sans flamme de Davy est une autre forme de cette expérience : Un fil de platine, chauffé au rouge pour en chasser les gaz, est suspendu dans un verre à pied où il y a de l'alcool. On le voit revenir au rouge sous l'action des vapeurs d'alcool qui se dégagent du liquide. L'odeur des produits indique la formation d'acide acétique et d'aldéhyde.

Action d'un mélange oxydant. — L'oxydation de l'alcool est plus rapide sous l'action d'un mélange oxydant, tel que le mélange d'acide sulfurique et de bichromate de potassium ($Cr^2O^7K^2$).

Action de l'eau. — L'alcool a une très grande affinité pour l'eau ; lorsqu'on mélange ces deux liquides, il y a élévation de température, accompagnée du dégagement d'une infinité de petites bulles gazeuses dans la masse du liquide. Ces bulles sont dues à l'air dissous dans l'eau.

L'affinité de l'alcool pour l'eau est telle qu'il enlève leur eau aux corps organisés avec lesquels on le met en contact. C'est pour cette raison qu'il sert à la conservation des pièces anatomiques, et c'est pour cela aussi, qu'injecté dans les veines, il occasionne la mort.

Action des acides. — Lorsqu'on fait agir un acide sur l'alcool éthylique, il se produit un éther et de l'eau. Cette réaction est la propriété fondamentale des alcools.

Si l'acide employé est peu énergique, la combinaison se fait assez lentement; elle n'est complète qu'après des jours, et même des mois, si l'on agit à la température ordinaire.

Les réactions que produisent les acides sont quelquefois plus compliquées : ainsi une goutte *d'acide azotique* fumant produit, en tombant sur de l'alcool, une explosion et un dégagement abondant de vapeurs nitreuses qui montrent que l'alcool a réduit l'acide azotique.

Si l'on mélange à la température ordinaire des volumes égaux d'*acide sulfurique* et d'alcool, il y a formation d'éther sulfurique ($SO^4(C^2H^5)^2$); mais si l'on chauffe à 140°, l'éther formé réagit sur l'acide sulfurique libre, qui le détruit en donnant l'oxyde d'éthyle $\{(C^2H^5)^2O\}$, appelé par extension *éther ordinaire*. Tout se passe comme si l'alcool avait simplement perdu de l'eau :

$$\underset{\text{Éthanol.}}{2(C^2H^6O)} = \underset{\text{Éther ordinaire.}}{(C^2H^5)^2O} + \underset{\text{Eau.}}{H^2O}$$

Si l'on avait chauffé à 165° un mélange de 1 volume d'alcool et de 2 volumes d'acide sulfurique, on aurait pu recueillir sur la cuve à eau un corps gazeux, l'éthylène (C^2H^4) :

$$\underset{\text{Éthanol.}}{C^2H^6O} = \underset{\text{Éthylène}}{C^2H^4} + \underset{\text{Eau.}}{H^2O}$$

L'*acide chlorhydrique* transforme l'alcool éthylique en chlorure d'éthyle (C^2H^5Cl):

$$\underset{\text{Alcool éthylique.}}{C^2H^6O} + \underset{\text{Acide chlorhydrique.}}{HCl} = \underset{\text{Chlorure d'éthyle.}}{C^2H^5Cl} + \underset{\text{Eau.}}{H^2O}$$

Pour réaliser cette réaction, on fait passer pendant 24 heures un courant de gaz chlorhydrique dans l'éthanol refroidi.

Le mélange d'alcool, non décomposé, de chlorure d'éthyle et d'eau est alors distillé au bain-marie. Pour avoir le chlorure C^2H^5Cl, on recueille les vapeurs qui passent au-dessous de 15°.

§ III. — Liqueurs fermentées.

161. Vin. — Le *vin* est le résultat de la fermentation alcoolique du jus de raisin. Ce jus renferme environ 80 % d'eau, du sucre, des matières albuminoïdes, du tannin, des sels. Sa fabrication comprend :

1° Le foulage du raisin. — Pour fermenter, le raisin doit être écrasé, ce qui amène en contact le glucose contenu dans la pulpe de la graine et le ferment qui se trouve sur la pellicule, à l'extérieur. Le foulage donne le *moût*.

2° **Le cuvage ou fermentation du jus.** — La fermentation commence immédiatement, si la température n'est pas supérieure à 20°. Les enveloppes des grains de raisin montent à la surface et forment le *chapeau*.

3° **Le soutirage.** — Le *soutirage* du jus fermenté a pour but de le débarrasser des grappes (*rafles*) et des pellicules qui forment le *marc*, dont le *pressurage* donne du vin de qualité inférieure.

4° **La mise en fûts.** — La *mise en fûts* achève la clarification ; les matières suspendues se déposent et forment la *lie*.

5° **Le collage.** — Le *collage* au blanc d'œuf ou à la gélatine le clarifie en le débarrassant des matières albuminoïdes.

Remarques. — I. On peut obtenir du vin blanc avec du raisin noir, il suffit de séparer le moût d'avec les pellicules noires avant la fermentation; car la coloration du vin est due à une matière colorante de la pellicule noire, matière qui se dissout dans l'alcool provenant de la fermentation. Les vins rouges contiennent du tannin en plus grande quantité que les vins blancs.

II. Les *vins mousseux* de Champagne sont fabriqués avec du vin blanc auquel on ajoute, au moment de la mise en bouteilles, un peu de sucre candi qui se transforme, dans la bouteille même, en alcool et anhydride carbonique.

Les vins naturels renferment en moyenne de 6 à 15 % d'alcool. Ce ne sont pas des liquides stables, ils peuvent devenir *acides* ou *piqués*, *tournés*, *gras*, etc., sous l'influence des fermentations ultérieures auxquelles ils sont exposés.

162. **Cidre et poiré.** — Ces deux boissons se préparent à peu près comme le vin, la première avec le jus des pommes, la seconde avec celui des poires.

163. **Bière.** — La *bière* est une boisson nourrissante préparée avec l'orge et le houblon. Sa fabrication comprend les opérations suivantes :

1° **Le maltage.** — Le *maltage*, dont la première et principale opération est la germination de l'orge, développe dans le grain la diastase nécessaire à la transformation de l'amidon en glucose. Les grains, trempés dans l'eau, sont entassés sur une épaisseur de 50^{cm} et maintenus à 15°; la germination a lieu, et la diastase se produit. On sépare la radicule, puis on broie le grain, et l'on obtient ainsi une farine grossière appelée *malt*.

2° **Le brassage.** — On brasse le malt dans des cuves renfermant de l'eau à 70°; la diastase transforme l'amidon en glucose, qui se dissout. Le liquide obtenu prend le nom de *moût*.

3° **Le houblonnage.** — On fait bouillir le moût avec des cônes de houblon, qui donnent du goût à la bière et assurent sa conservation.

4° **La fermentation du moût.** — La *fermentation* du moût est déterminée au moyen de la levure de bière. On clarifie ensuite le liquide obtenu.

La levure, qui pendant la fermentation surnage sous la forme d'une mousse blanche, est recueillie pour d'autres opérations. La bière contient de 2 à 8 % d'alcool; les plus renommées sont les bières allemandes; les plus riches en alcool sont les bières anglaises.

RÉSUMÉ

La **fermentation** est la réaction chimique provoquée dans une substance organique par les ferments, petits êtres microscopiques qui vivent et se développent aux dépens de la matière organique. Le nombre de ferments est très considérable.

La décomposition des matières azotées : urine, viandes, etc., en ammoniaque et gaz carbonique, s'appelle *fermentation putride*. On supprime cette fermentation en empêchant le développement des ferments par la *dessiccation*, le *refroidissement*, la *stérilisation*, la *cuisson*, la *privation d'air* et les *antiseptiques*.

La fermentation *alcoolique* est la transformation du sucre en alcool et anhydride carbonique, sous l'influence de la levure de bière. Dans cette fermentation il se forme, outre l'alcool et le gaz carbonique, de nouvelles cellules de levure, de la glycérine, de l'acide succinique.

L'alcool éthylique résulte de la fermentation alcoolique des matières sucrées. La distillation du produit obtenu donne, suivant la concentration de l'alcool, l'eau-de-vie ordinaire ou l'alcool absolu, ou des intermédiaires.

Les eaux-de-vie provenant du jus de la canne à sucre s'appellent *rhums*; celles qu'on retire des merises fermentées s'appellent kirschs.

L'industrie de l'alcool consiste à convertir en alcool certaines substances qui ne fermentent pas naturellement, telles que : les mélasses, les betteraves, les pommes de terre et les graines amylacées.

Les alcools supérieurs, toujours présents dans les eaux-de-vie industrielles, communiquent à celles-ci leurs propriétés toxiques.

L'alcool éthylique pur est un liquide incolore, d'une odeur agréable; sa densité est 0,8; il bout à 78° et se solidifie à — 130°.

L'alcool brûle avec une flamme assez pâle en donnant du gaz carbonique et de la vapeur d'eau. Une oxydation moins énergique donne, suivant le cas, de l'aldéhyde ou de l'acide acétique. Cette oxydation ne se produit à la température ordinaire que dans des conditions particulières, comme en présence des corps poreux, ou d'un mélange oxydant.

L'alcool éthylique a une telle affinité pour l'eau, qu'il enlève leur eau aux corps organisés avec lesquels on le met en contact. Avec les acides, l'alcool forme des éthers et de l'eau. La réaction est d'autant plus rapide et plus vive que l'acide est plus énergique.

Les liqueurs fermentées les plus usitées sont : le *vin*, le *cidre*, le *poiré* et la *bière*.

Le *vin* est le résultat de la fermentation alcoolique du moût de raisin; sa fabrication comprend : le *foulage du raisin*, le *cuvage*, le *soutirage*, la *mise en fûts* et le *collage*.

Le *cidre* et le *poiré* sont deux boissons préparées, l'une avec le jus des pommes, l'autre avec celui des poires.

La *bière* se prépare avec l'orge et le houblon; sa fabrication comprend : le *maltage*, le *brassage*, le *houblonnage*, la *fermentation du moût*.

CHAPITRE XIX

FERMENTATION ACÉTIQUE — ACIDE ACÉTIQUE — VINAIGRE

§ I. — Fermentation acétique.

164. Production de la fermentation acétique. — Le vin exposé à l'air pendant quelque temps aigrit; il ne renferme plus d'alcool mais de l'acide acétique. Cette transformation n'est pas opérée par l'oxygène de l'air seul; car en abandonnant à l'air un mélange d'eau et d'alcool dans la même proportion que dans le vin, 10 % environ, le mélange reste intact.

Pasteur a établi que cette transformation est due à la présence d'un ferment organisé, le *mycoderma aceti*, qui existe en germes dans l'air. Ces germes se déposent dans le vin, à la surface duquel ils forment comme un voile, et, comme ils y trouvent des matières albuminoïdes, ils s'y développent.

Pasteur a montré que ce végétal microscopique emprunte à l'air son oxygène et le fixe sur l'alcool, qui devient ainsi de l'acide acétique :

$$\underset{\text{Alcool éthylique.}}{C^2H^6O} + \underset{\text{Oxygène.}}{O^2} = \underset{\text{Acide acétique.}}{C^2H^4O^2} + \underset{\text{Eau.}}{H^2O}$$

Le simple mélange d'eau et d'alcool ne contient pas les éléments favorables au développement de ces germes; aussi la transformation n'a lieu que si l'on y introduit des matières albuminoïdes.

§ II. — Acide acétique, $C^2H^4O^2$.

165. **Préparation.** — L'acide acétique s'obtient par l'oxydation de l'alcool au contact de l'air, ou par la distillation sèche du bois.

A. **Oxydation de l'alcool.** — 1° Les liqueurs alcooliques : vin, bière, cidre, etc., exposées à l'air, se transforment peu à peu en un liquide aigre, qui saturé par la soude et évaporé donne l'acétate de sodium ($C^2H^3O^2Na$). Ce sel est ensuite traité par un acide fort, qui met l'acide acétique en liberté en le déplaçant. Ainsi, avec l'acide chlorhydrique on a :

$$\underset{\text{Acétate de sodium.}}{C^2H^3O^2Na} + \underset{\text{Acide chlorhydrique.}}{HCl} = \underset{\text{Chlorure de sodium.}}{NaCl} + \underset{\text{Acide acétique.}}{C^2H^4O^2}$$

2° Cette préparation pourrait s'opérer plus simplement.

Une plaque de cuivre, plongée dans le moût de raisin et abandonnée ensuite à l'air, ne tarde pas à se couvrir de *vert-de-gris*, ou *acétate de cuivre,* par suite de la double transformation du moût en alcool, et de l'alcool en acide acétique qui se combine au métal.

Cet acétate de cuivre, soumis à la distillation sèche, se détruit en dégageant des vapeurs d'acide acétique, que l'on condense et que l'on purifie par des congélations successives.

B. **Distillation du bois.** — La distillation du bois donne, ainsi qu'on l'a vu au n° 149, un liquide complexe appelé acide pyroligneux.

Après décantation des goudrons contenus dans ce liquide, on distille le reste du produit. Les premières portions distillées sont mises à part, pour servir à la préparation de l'alcool méthylique; puis les portions suivantes sont saturées par un lait de chaux. La solution d'acétate de calcium impur étant additionnée d'une solution de sulfate de sodium, il se précipite du sulfate de calcium, et l'on sépare par filtration l'acétate de sodium formé.

La liqueur, évaporée à siccité, laisse un résidu coloré en brun par des matières empyreumatiques; on chauffe ce résidu entre 250° et 330°, température à laquelle se détruisent les substances goudronneuses ou charbonneuses, sans que l'acétate de sodium soit détruit. Le produit de ce grillage est repris par l'eau, et la solution concentrée à chaud donne des cristaux d'acétate de sodium pur.

Pour avoir l'acide acétique, on distille cet acétate cristallisé avec la moitié environ de son poids d'acide sulfurique.

166. Propriétés physiques. — Au-dessus de 16°, l'acide acétique est un liquide incolore, d'une odeur forte et piquante, d'une saveur acide. Au-dessous de 16°, il se solidifie en lames brillantes. On peut, avec quelques précautions, conserver encore assez longtemps cet acide à l'état liquide, au dessous de 16°; il présente alors le phénomène de surfusion. A la pression de 76cm, l'acide acétique bout à 118°, en émettant des vapeurs dont la densité, égale alors à 3,35, diminue à mesure que la température s'élève. À partir de 230°, la densité est constante et égale à 2,08.

Cet acide est soluble en toute proportion dans l'eau, l'alcool et l'éther; il dissout un grand nombre de substances minérales et organiques, telles que : le camphre, les résines, l'albumine, etc.

167. **Propriétés chimiques.** — **Action de la chaleur.** — Les vapeurs d'acide acétique, chauffées au rouge dans un tube de porcelaine, se décomposent en donnant deux réactions simultanées :

$$\underset{\text{Acide acétique.}}{C^2H^4O^2} = \underset{\text{Gaz carbonique.}}{CO^2} + \underset{\text{Méthane.}}{CH^4} \qquad (1)$$

$$\underset{\text{Acide acétique.}}{2[C^2H^4O^2]} = \underset{\text{Gaz carbonique.}}{CO^2} + \underset{\text{Eau.}}{H^2O} + \underset{\text{Acétone.}}{C^3H^6O} \qquad (2)$$

Les équations (1) et (2) indiquent la production de quatre corps différents : gaz carbonique, méthane, eau et acétone.

Action du chlore. — Si l'on fait passer un courant de chlore dans un vase contenant de l'acide acétique et exposé à la lumière solaire, le gaz se substitue, atome par atome, à trois atomes d'hydrogène de l'acide. Les composés obtenus sont :

Les acides { monochloracétique : $C^2H^2ClO^2.H$. ; dichloracétique : $C^2HCl^2O^2.H$. ; trichloracétique : $C^2Cl^3O^2.H$. }

Ces trois corps sont analogues à l'acide acétique, et donnent des sels semblables aux acétates.

Action des métaux. — Certains métaux, comme le potassium, le sodium, le cuivre, le fer, le plomb, etc., se combinent à l'acide acétique pour former des acétates. Généralement on obtient ces sels en faisant agir sur l'acide, soit l'hydrate, soit l'oxyde du métal.

Ainsi, par l'action de l'acide acétique sur la potasse, on obtient un produit qui, soumis à l'évaporation, se prend en une masse légère et déliquescente. C'est l'acétate de potassium :

$$\underset{\text{Acide acétique.}}{C^2H^3O^2.H} + \underset{\text{Potasse.}}{KOH} = \underset{\text{Acétate de potassium.}}{C^2H^3O^2.K} + \underset{\text{Eau.}}{H^2O}$$

Dans l'industrie, on prépare l'acétate de potassium par l'action du carbonate de potassium sur l'acide pyroligneux.

§ III. — Vinaigre.

Par le mot *vinaigre*, on entend du *vin* qui a subi la fermentation acétique.

168. **Préparation du vinaigre.** — On prépare le vinaigre par trois procédés : 1° le *procédé d'Orléans*, 2° le *procédé allemand*, 3° la *méthode Pasteur*.

Procédé d'Orléans. — On verse dans des tonneaux une certaine quantité de vin qu'on laisse exposé à l'air à une température de 25° à 30°, puis on ajoute une plus grande quantité de vinaigre. Au bout d'un mois, on retire par exemple dix litres de vinaigre que l'on remplace par dix litres de vin, et ainsi de suite. Ce procédé n'est applicable qu'avec du vin.

Procédé allemand. — On se sert de tonneaux, divisés en trois compartiments par des cloisons horizontales percées de trous (fig. 49). Le vin, versé dans le compartiment supérieur, descend dans celui du milieu, qui contient des copeaux de hêtre préalablement arrosés de vinaigre. Le vin traverse ces copeaux goutte à goutte, et tombe dans le compartiment inférieur, où l'air arrive par des ouvertures latérales. La rapidité de la fermentation échauffe souvent le vinaigre, qui perd de sa saveur. Les

Fig. 49. — Fabrication du vinaigre.

produits ainsi obtenus sont de qualité inférieure à ceux que donne le *procédé d'Orléans*.

Méthode Pasteur. — On verse d'abord un peu d'eau alcoolisée dans des cuves peu profondes, fermées, mais où l'air circule librement, puis on sème à la surface le mycoderme. La fermentation se produit immédiatement. On verse alors doucement une certaine quantité de vin, qui devient du vinaigre; on soutire le vinaigre, et on le remplace par du vin, et ainsi de suite. La méthode est rapide et donne de bons produits.

169. **Usages.** — L'acide acétique pur est surtout employé comme dissolvant dans les mesures cryoscopiques. Mais, en dehors des laboratoires, il est peu usité.

Par contre, l'acide étendu d'eau, ou *vinaigre*, est très usité dans l'alimentation, dans la préparation des acétates, de la céruse (procédé hollandais), de l'aniline, etc.

170. **Principaux acétates.** — L'industrie prépare : *a*) Plusieurs variétés d'acétate de cuivre, tels que : *le verdet de Montpellier*, les *cristaux de Vénus*, le *vert de Schweinfurt*, employés surtout en peinture.

b) Des acétates de plomb, dont l'un, l'*extrait de Saturne*, est utilisé en médecine; l'autre, le *sucre de Saturne*, sert à préparer le jaune de chrome.

c) Les acétates *ferreux* et *ferrique*. Le premier est employé comme corps réducteur; le second comme mordant en teinture.

d) L'acétate d'aluminium, ayant le même usage que le précédent.

e) L'acétate de sodium, très employé en analyse. Tous ces acétates sont solubles dans l'eau, sauf ceux d'argent et de sous-oxyde de mercure.

RÉSUMÉ

La fermentation acétique est la transformation de l'alcool en acide acétique, par le *mycoderma aceti*, qui existe en germes dans l'air.

L'acide acétique s'obtient par l'oxydation de l'alcool au contact de l'air, ou par la distillation du bois.

C'est un liquide incolore, d'une odeur forte et piquante, d'une saveur acide; il bout à 118° et se solidifie au-dessous de 16°. Il est très soluble dans l'eau, l'alcool et l'éther, dissout un grand nombre de matières minérales et organiques.

Les vapeurs d'acide acétique, chauffées au rouge, donnent du gaz carbonique, du méthane, de l'eau et de l'acétone.

Avec le chlore, l'acide acétique forme les acides mono-, bi- et trichloracétique.

L'acide acétique se combine à certains métaux, tels que : le potassium, le sodium, le plomb, le cuivre, le fer, etc., pour former des acétates.

Le **vinaigre** se prépare par trois procédés : *celui d'Orléans,* la *méthode allemande, celle de Pasteur.*

L'acide acétique pur n'est guère usité en dehors des laboratoires, mais l'acide étendu d'eau ou vinaigre est très usité dans l'alimentation et dans l'industrie.

L'industrie prépare plusieurs variétés d'acétates de cuivre, des acétates de plomb, les acétates ferreux et ferrique, l'acétate d'aluminium, l'acétate de sodium, etc. Tous ces acétates sont solubles dans l'eau, sauf ceux d'argent et de sous-oxyde de mercure.

CHAPITRE XX

ÉTHERS-SELS

171. Définitions. — On distingue les *éthers-sels* et les *éthers-oxydes.*

Les **éthers-sels** sont des composés résultant de la combinaison d'un acide et d'un alcool, avec élimination d'eau.

Les **éthers-oxydes** résultent de l'union de deux molécules d'alcool, avec élimination d'une molécule d'eau.

172. Préparations des éthers-sels. — Les éthers-sels se préparent de la même manière que les sels métalliques :

a) *En faisant agir l'acide sur l'alcool :*

Ainsi l'acide chlorhydrique produit des réactions analogues avec la potasse et l'alcool; on a suivant le cas :

HCL	+	KOH	=	KCL	+	H^2O	(1)
Acide chlorhydrique.		Potasse.		Chlorure de potassium.		Eau.	

HCL	+	$C^2H^5.OH$	=	$C^2H^5.Cl$	+	H^2O	(2)
Acide chlorhydrique.		Alcool éthylique.		Éther chlorhydrique.		Eau.	

L'éther chlorhydrique est donc le résultat de la substitution du radical éthyle (C^2H^5) à l'hydrogène de l'acide chlorhydrique; comme le chlorure de potassium (KCl) est le résultat de la substitution du potassium (K) à l'hydrogène du même acide.

Toutefois, l'expérience prouve que la réaction (1) est instantanée; tandis que la réaction (2) est, au contraire, assez longue à se produire.

b) *Par double décomposition :*

Ainsi, l'on prépare l'azotate d'éthyle par l'action de l'azotate d'argent sur le chlorure, le bromure ou l'iodure d'éthyle :

AzO^3Ag	+	C^2H^5I	=	AgI	+	$C^2H^5.AzO^3$	(3)
Azotate d'argent.		Iodure d'éthyle.		Iodure d'argent.		Azotate d'éthyle.	

c) *Par la distillation du mélange d'alcool et d'acide :*

C'est par ce moyen que l'on prépare les éthers des acides organiques. Ainsi, l'éther acétique se prépare ordinairement en distillant un mélange d'alcool, d'acide sulfurique et d'acétate de potassium. L'acide sulfurique déplace l'acide acétique, qui se combine avec l'alcool.

C^2H^5OH	+	$CH^3.CO^2H$	=	$CH^3.CO^2(C^2H^5)$	+	H^2O	(4)
Alcool éthylique.		Acide acétique.		Acétate d'éthyle.		Eau.	

Dans les équations (2), (3) et (4), on peut remplacer le radical éthyle (C^2H^5) par tout autre radical alcoolique, et des réactions analogues auront lieu.

173. Propriétés générales des éthers-sels. — Action de l'eau. — Tous les éthers-sels sont décomposables par l'eau, d'autant plus facilement que leur acide est plus faible.

Ainsi l'éther acétique, chauffé avec un excès d'eau, se décompose en alcool et acide acétique :

$$\underset{\text{Acétate d'éthyle.}}{C^2H^5.C^2H^3O^2} + \underset{\text{Eau.}}{H.OH} = \underset{\text{Acide acétique.}}{CH^3.CO^2H} + \underset{\text{Alcool éthylique.}}{C^2H^5.OH}$$

Action de la potasse. — Tous les éthers sont décomposés par la potasse, avec formation d'alcool et d'un sel de potassium :

$$\underset{\text{Azotate d'éthyle.}}{C^2H^5.AzO^3} + \underset{\text{Potasse.}}{K.OH} = \underset{\text{Azotate de potassium.}}{AzO^3K} + \underset{\text{Alcool.}}{C^2H^5.OH}$$

Cette propriété est la propriété *fonctionnelle* des éthers ; c'est-à-dire que tout corps qui la possède est un éther.

Elle a reçu le nom de *saponification*, parce que dans la préparation des savons, on traite les corps gras par un alcali.

La soude agit de la même manière que la potasse.

Action de l'ammoniaque. — L'ammoniaque ne produit pas de saponification, mais elle donne naissance à des composés très importants : les *amines* et les *amides*.

$$\underset{\text{Ammoniaque.}}{AzH^3} + \underset{\text{Bromure d'éthyle.}}{C^2H^5Br} = \underset{\text{Bromure de monoéthylammonium.}}{AzH^3C^2H^5Br}$$

Du produit obtenu, figuré dans le second membre, on retire la monoéthylamine.

Éthers-sels des acides organiques. — Les éthers-sels des acides organiques ont presque tous une odeur agréable, rappelant celle de certains fruits. Ainsi l'acétate d'amyle a une odeur de poires, le formiate d'éthyle une odeur de rhum, etc.

Les éthers de la glycérine sont connus sous le nom de *corps gras*.

174. **Éther ordinaire.** — L'éther ordinaire est un éther-oxyde, ayant pour formule $(C^2H^5-O-C^2H^5)$. On le prépare en déshydratant l'alcool par l'acide sulfurique :

$$\underset{\text{Alcool.}}{2(C^2H^5OH)} = \underset{\text{Éther ordinaire.}}{\begin{matrix}C^2H^5\\C^2H^5\end{matrix}>O} + \underset{\text{Eau.}}{H^2O}$$

C'est un liquide incolore, très volatil, doué d'une odeur forte. Ses vapeurs sont très denses et forment avec l'air un mélange détonant. Il faut donc éviter de laisser au voisinage d'une flamme un flacon d'éther débouché.

L'éther est employé comme dissolvant du soufre et des résines, et comme anesthésique.

RÉSUMÉ

Les **éthers-sels** sont des composés résultant de la combinaison d'un acide et d'un alcool, avec élimination d'eau. On les prépare : soit par l'action de l'acide sur l'alcool ; soit par double décomposition ; soit par la distillation d'un mélange d'alcool et d'acide.

Tous les éthers sont décomposables par l'eau, et d'autant plus facilement que leur acide est plus faible. Tous sont décomposés par les alcalis, autres que l'ammoniaque, en alcool et sel alcalin. Cette propriété caractérise les éthers et a reçu le nom de *saponification*.

L'ammoniaque ne saponifie pas les éthers, mais les transforme en *amines* et *amides*.

Les éthers-sels et les acides organiques ont presque tous une odeur agréable rappelant celle de certains fruits.

L'éther ordinaire est un éther-oxyde, résultant de l'union de deux molécules d'alcool, avec élimination d'une molécule d'eau.

C'est un liquide incolore, très volatil, d'une odeur forte. Il est employé comme dissolvant et anesthésique.

CHAPITRE XXI

CORPS GRAS — ACIDES GRAS

§ I. — Corps gras.

175. Nature des corps gras. — Les corps gras sont des matières liquides ou solides très fusibles, onctueuses au toucher, et laissant sur le papier une tache translucide qui résiste à l'action de la chaleur.

Ils sont formés par le mélange de deux ou trois principes immédiats : la *stéarine*, la *margarine* et l'*oléine*.

Ce sont des éthers-sels résultant de la combinaison d'un alcool appelé *glycérine* [$C^3H^5(OH)^3$], avec les acides *palmitique*, *margarique*, *stéarique* et *oléique*.

Ces corps s'appellent :
- *huiles*, s'ils sont liquides à la température ordinaire.
- *beurres*, s'ils sont mous dans les mêmes conditions.
- *graisses*, s'ils sont solides.

176. Extraction de quelques corps gras. — Les corps gras se divisent, suivant leur origine, en deux grandes catégories :

A. **Ceux qui ont une origine végétale.** — Les substances grasses d'origine végétale s'obtiennent en comprimant les parties oléagineuses des plantes (graines ou fruits), à l'aide de presses hydrauliques. La pression est exercée d'abord à froid, puis entre des plaques chauffées.

Le résidu s'appelle *tourteau*. En le soumettant à une deuxième pression, on obtient une huile moins pure que la première. Le deuxième tourteau est employé soit à la nourriture du bétail, soit comme engrais à l'amendement du sol. Ce deuxième tourteau peut même être soumis à une troisième pression, ou à l'action du sulfure de carbone; il abandonne dans ce cas une huile de qualité très inférieure, connue sous le nom d'*huile lampante,* qui n'est guère utilisée en dehors des savonneries.

Les principales substances oléagineuses d'origine végétale sont les *olives*, les *noix*, les *faînes*, le *colza*, la *navette*, les *amandes*, le *lin*, etc. Leurs huiles respectives portent le nom de la matière dont elles sont extraites.

Suivant leur provenance, ces liquides sont employés comme aliments, comme combustibles, comme médicaments, etc., mais après avoir été épurés.

Épuration des liquides oléagineux d'origine végétale. — Pour épurer ces huiles, on les mélange avec 2 à 3 °/₀ de leur poids d'acide sulfurique concentré; puis, quand elles sont devenues noires, on les additionne d'eau, et après avoir brassé le mélange jusqu'au moment où il a pris une apparence *laiteuse,* on l'abandonne au repos. L'huile épurée surnage et peut s'enlever facilement.

Huiles siccatives. — Les huiles s'oxydent au contact de l'air : par suite de cette oxydation, les unes se transforment rapidement en une substance résineuse, on dit qu'elles sont *siccatives;* les autres restent liquides, elles sont non siccatives.

Les premières, utilisées dans la peinture, comprennent : les huiles de lin, de noix, de ricin, d'œillette, etc.

Les secondes, parmi lesquelles il convient de citer les huiles d'olive, de colza, de chènevis, etc., sont employées dans l'alimentation, la médecine et l'éclairage.

Les unes et les autres sont utilisées dans les savonneries.

B. **Les corps gras d'origine animale.** — Parmi les matières grasses d'origine animale, on peut citer la *graisse de bœuf,* le *suif de mouton,* le *beurre,* l'*huile de foie de morue,* etc.

Les deux premières sont extraites par fusion des alvéoles du tissu cellulaire. Le beurre s'obtient en battant le lait non écrémé. Pour avoir l'huile de foie de morue, on traite le foie de ce poisson par l'eau bouillante.

Les graisses animales sont des mélanges de stéarine, de margarine et d'oléine.

177. Séparation des principes immédiats. — Les huiles refroidies se figent, et l'*oléine,* qui est liquide, se sépare par pression; on obtient pour résidus des paillettes blanches, nacrées, formées d'un mélange de *margarine* et de *stéarine.* En traitant ce mélange par l'éther, la margarine se dissout et il reste la stéarine.

178. Propriétés physiques des corps gras. — Les corps gras sont incolores, inodores, insipides, plus légers que l'eau. Ils ne se mélangent pas avec ce liquide; mais se dissolvent dans l'éther et la benzine.

179. Propriétés chimiques. — Action de la chaleur. — La plupart des corps gras, chauffés, se décomposent au-dessus de 300°. L'odeur désagréable qui se dégage des matières grasses quand on les chauffe est due à l'*acroléine,* liquide qui bout vers 50°.

Action de l'air. — Les corps gras brûlent à l'air avec une flamme assez éclairante.

Au contact prolongé de l'air, ils s'oxydent en donnant naissance à des acides volatils d'odeur désagréable, et à du gaz carbonique. On dit qu'ils *rancissent.* Cette oxydation est due aux impuretés qui se trouvent dans les matières grasses livrées au commerce, et qui agissent comme les ferments. Les produits purs ne subissent pas la *rancidité.*

Action de l'eau. — La vapeur d'eau surchauffée *saponifie* les corps gras, c'est-à-dire les décompose en glycérine et en acides gras (n° 173).

Action des bases. — Les bases fortes, comme la potasse, la soude, la chaux, saponifient les corps gras beaucoup plus rapidement que la vapeur d'eau surchauffée.

§ II. — Acides gras.

180. Définition. — Les *acides gras* désignent plus spécialement les acides : *palmitique* ($C^{16}H^{32}O^{2}$), *margarique* ($C^{17}H^{34}O^{2}$), *stéarique* ($C^{18}H^{36}O^{2}$) et *oléique* ($C^{18}H^{34}O^{2}$), qui, à l'état d'éthers de la glycérine, constituent la presque totalité des corps gras.

Par extension, on applique le nom d'*acides gras* à tous les acides répondant à la formule générale : ($C^{n}H^{2n}O^{2}$), qui comprend celle des trois premiers cités. Les carbures d'où dérivent ces acides sont dits : carbures de la *série grasse.*

181. Acide palmitique. — L'acide palmitique constitue, à l'état de palmitate de cétyle, le blanc de baleine. L'*huile de palme* est essentiellement formée de *tripalmitate de* *glycérine* ou *tripalmitine,* qui entre dans la composition de presque tous les corps gras.

On prépare l'acide palmitique en saponifiant l'huile de palme par la potasse. Le sel de potassium obtenu, traité par l'acide sulfurique, donne un sulfate de potassium soluble et il se dépose de l'*acide palmitique* insoluble.

C'est un corps blanc, gras au toucher; il fond à 62°.

182. **Préparation des autres acides gras.** — L'extraction des autres acides gras est calquée sur la préparation de l'acide *palmitique.* On saponifie avec la potasse les éthers qui contiennent ces acides; il se produit de la glycérine et des sels de potassium appelés *savons.* Ces savons, solubles dans l'eau, sont décomposés par l'acide sulfurique ou l'acide chlorhydrique en acide gras insoluble, et en sulfate ou chlorure de potassium solubles.

L'acide *oléique* est un liquide huileux; les autres sont solides, blancs et gras au toucher.

RÉSUMÉ

Les **corps gras** sont des éthers-sels résultant de la combinaison de la glycérine avec les acides palmitique, stéarique, margarique et oléique.

Ils s'appellent *huiles* s'ils sont liquides, *beurres* s'ils sont mous, et *graisses* s'ils sont solides à la température ordinaire.

On divise les corps gras en deux catégories :

1° Ceux d'origine végétale, tels que les huiles d'*olives,* de *noix,* de *faînes,* de *colza,* de *navette,* de *lin,* etc. On extrait ces huiles par pression.

2° Ceux d'origine animale, comme la *graisse de bœuf,* le *suif de mouton,* le *beurre,* l'*huile de foie de morue, etc.*

Les *huiles siccatives* sont celles qui, par suite de l'oxydation à l'air, se transforment rapidement en une substance résineuse. Elles sont employées dans la peinture.

Les huiles *non siccatives* servent dans l'alimentation, la médecine et l'éclairage.

Pour séparer les principes immédiats des corps gras, on a recours à la pression et aux dissolvants. La pression expulse l'*oléine,* l'éther dissout la *margarine,* et il reste la *stéarine.*

Les corps gras sont incolores, inodores, insipides, plus légers que l'eau, avec laquelle ils ne se mélangent pas; solubles dans l'éther et la benzine. Ils se décomposent au-dessus de 300°, en dégageant une odeur désagréable. Ils brûlent à l'air avec une flamme éclairante. Au contact prolongé de l'air ils *rancissent*. Ils se saponifient sous l'action de la vapeur d'eau surchauffée, ou des bases.

Les **acides gras** sont particulièrement les acides palmitique, margarique, stéarique et oléique, qui, à l'état d'éthers de la glycérine, constituent la presque totalité des corps gras.

On les prépare en saponifiant par la potasse les éthers qui les contiennent.

L'acide oléique est un liquide huileux; les autres sont solides, blancs et gras au toucher.

CHAPITRE XXII

GLYCÉRINE — SAVONS — BOUGIES

§ I. — Glycérine, ou propane-triol.

$C^3H^5(OH)^3$, ou $CH^2.OH - CH.OH - CH^2.OH$.

183. État naturel. — La glycérine est un composé naturel, très abondant dans la nature; elle existe à l'état libre dans les vins, dans la proportion de 4 à 7 grammes par litre. Elle se rencontre à l'état libre dans les corps gras.

184. Préparation. — Pour obtenir la glycérine, il suffit de saponifier les corps gras, soit par un alcali, soit même par la vapeur d'eau surchauffée. L'industrie obtient la glycérine, comme produit secondaire, dans la fabrication des savons et des bougies stéariques. En effet, la vapeur d'eau décompose les matières grasses en glycérine, qui reste en solution, et en acides gras, qui se solidifient par refroidissement.

La partie liquide fournit la glycérine brute, qu'on décolore par du noir animal. Dans la fabrication des bougies, la saponification se fait avec la chaux. Dans les savonneries, on emploie, conjointement avec l'eau, la potasse ou la soude.

Purification du produit brut. — Pour avoir de la glycérine pure, on soumet le produit commercial à la distillation, dans un courant de vapeur d'eau surchauffée.

Dans les laboratoires, on obtient la glycérine en saponifiant l'huile d'olive par la litharge, en présence de l'eau.

L'excès de plomb est précipité par un courant d'hydrogène sulfuré. Le produit obtenu est ensuite chauffé pour chasser l'hydrogène sulfuré qui reste en dissolution, puis filtré et décoloré par le noir animal.

185. **Propriétés physiques.** — La glycérine est un liquide sirupeux, incolore, inodore, d'une saveur légèrement sucrée; sa densité est 1,26. Elle se dissout en toute proportion dans l'eau et dans l'alcool. Par son pouvoir dissolvant, elle est intermédiaire entre ces deux liquides; ainsi elle dissout les sulfates métalliques insolubles dans l'eau. La glycérine bout à 275°, en se décomposant partiellement; aussi faut-il la distiller sous pression réduite. Elle se solidifie au-dessous de 0°.

186. **Propriétés chimiques.** — **Action de la chaleur.** — La glycérine, soumise à l'action de la chaleur, perd deux molécules d'eau et se transforme en un liquide très volatil, d'une odeur suffocante, c'est l'*acroléine* (C^3H^4O). La réaction est représentée par l'équation :

$$\underset{\text{Glycérine.}}{C^3H^5(OH)^3} = \underset{\text{Eau.}}{2H^2O} + \underset{\text{Acroléine.}}{C^3H^4O} \qquad (1)$$

Action des déshydratants. L'équation (1) peut être obtenue par des déshydratants énergiques, tel que l'anhydride phosphoreux.

Action de l'oxygène. — En faisant agir sur la glycérine l'air, en présence du noir de platine, Grimaux a obtenu un composé appelé *aldéhyde glycérique* $C^3H^6O^3$, corps qui peut subir la fermentation alcoolique.

$$\underset{\text{Glycérine.}}{C^3H^8O^3} + \underset{\text{Oxygène.}}{O} = \underset{\text{Aldéhyde glycérique.}}{C^3H^6O^3} + \underset{\text{Eau.}}{H^2O}$$

Action des acides. — Les acides monobasiques, comme l'acide chlorhydrique (HCl), peuvent former avec la glycérine trois éthers différents, si l'on fait varier à la fois les proportions des corps en présence, la température et la durée de chauffe. Ces éthers, qui résultent de l'action directe de l'acide chlorhydrique sur la glycérine, sont connus sous le nom de chlorhydrines.

Nitroglycérine. — Le principal éther minéral de la glycérine est l'*éther triazotique* [$C^3H^5(AzO^3)^3$].

On le prépare en ajoutant à un mélange de 2 décilitres d'acide sulfurique à 66° Baumé, et de 1 décilitre d'acide azotique à 50°, 1 demi-décilitre de glycérine sirupeuse. Celle-ci se dissout entièrement; et si l'on verse dans la solution de 5 à 7 litres d'eau, la nitroglycérine se sépare immédiatement et gagne le fond du vase. On décante l'eau, et on lave la nitroglycérine jusqu'à ce que les eaux de lavage ne soient plus acides. La réaction peut se formuler comme il suit :

$$\underset{\text{Glycérine.}}{C^3H^5(OH)^3} + \underset{\text{Acide azotique.}}{3AzO^3H} = \underset{\text{Nitroglycérine.}}{C^3H^5(AzO^3)^3} + \underset{\text{Eau.}}{3H^2O}$$

La nitroglycérine est une huile incolore ou jaunâtre, plus dense que l'eau, dans laquelle elle est insoluble. Ses vapeurs donnent de violentes migraines. Chauffée, elle se décompose avec explosion; elle détone violemment par le choc, aussi l'emploie-t-on comme la poudre de mine et la poudre de guerre. Pour la rendre plus facile à manier et à conserver, on la mélange avec des poudres inertes, telles que la silice, l'alumine, etc. Ces mélanges pulvérulents constituent les *dynamites*.

187. Usages de la glycérine. — La glycérine sert surtout à la préparation de la nitroglycérine. En médecine, on l'emploie beaucoup comme calmante et siccative dans le pansement des plaies. Elle constitue la base de certaines pommades : les glycérés ou glycérolés.

§ II. — Savons.

188. Composition. — Les savons sont de véritables sels, formés par la combinaison des acides gras avec des oxydes métalliques. Ce sont des stéarates, des margarates, des oléates de potassium, de sodium ou de calcium. Ce dernier, appelé *savon calcaire*, est insoluble dans l'eau; c'est un produit intermédiaire dans la fabrication des bougies stéariques.

189. Préparation des savons. — Pour fabriquer les savons, on fait bouillir de la graisse dans une lessive de soude ou de potasse. On obtient ainsi la glycérine et une combinaison des acides gras avec la base. On ajoute ensuite du sel marin; le savon, étant insoluble dans l'eau salée et plus léger qu'elle, se rassemble à la partie supérieure en une pâte consistante.

Une nouvelle quantité de lessive alcaline est ensuite ajoutée, et l'on recommence ainsi jusqu'à saturation complète des corps gras.

Après refroidissement, le liquide est soutiré, et la saponification s'achève en faisant bouillir le savon dans des lessives concentrées et salées. Enfin, on le coule dans des moules.

Corps gras employés dans cette préparation. — *L'huile d'olive* a été longtemps le seul corps gras utilisé dans la fabrication du savon. Aujourd'hui on emploie en outre, pour cet usage : l'*huile de sésame*, l'*huile d'œillette*, retirée du pavot; l'*huile de palme*, le *suif*, la *résine*, etc. Le mélange, dans différentes proportions, d'un certain nombre de ces matières grasses, donne des savons différents, ayant des propriétés particulières.

190. Propriétés générales des savons. — Les savons à base alcaline sont solubles dans l'eau ordinaire, les autres y sont insolubles. L'eau chargée de sel de calcium décompose les savons à base de potasse ou de soude, en produisant un savon calcaire qui se précipite sous forme de grumeaux insolubles. Aussi le savon ordinaire ne mousse pas dans une eau fortement séléniteuse.

Cette décomposition des savons à bases alcalines se produit également avec les sels de plomb, ou autres sels métalliques dissous. C'est la méthode générale pour préparer les savons insolubles.

191. Diverses variétés des savons. — Parmi les diverses variétés de savons, il faut signaler : les *savons mous*, à base de potasse; les *savons durs*, à base de soude; le *savon de Marseille*, marbré avec du sulfate de fer; les *savons de toilette*, obtenus en ajoutant des essences à la pâte avant de la couler; l'*emplâtre*, savon à base de plomb, employé en pharmacie. Enfin le *savon blanc*, obtenu en laissant déposer les matières étrangères en suspension dans la masse liquide après la dernière ébullition.

§ III. — Bougies stéariques.

192. Préparation de la stéarine. — Pour obtenir la **stéarine**, on fait fondre du suif dans un autoclave, où l'on a introduit, avec la matière grasse, de l'eau et de la chaux. De la vapeur d'eau bouillante pénètre, par un tube, dans le récipient, et chauffe peu à peu la masse jusque vers 170°. A cette température, l'eau décompose les substances en glycérine et en acides gras. La chaux donne, avec les acides gras, un savon calcaire insoluble. La glycérine qui surnage est soutirée; on traite le savon calcaire par l'acide sulfurique étendu, et chauffé par un courant de vapeur : il se forme du sulfate de calcium (plâtre), qui se précipite, et des acides gras, qui surnagent. Après avoir laissé re-

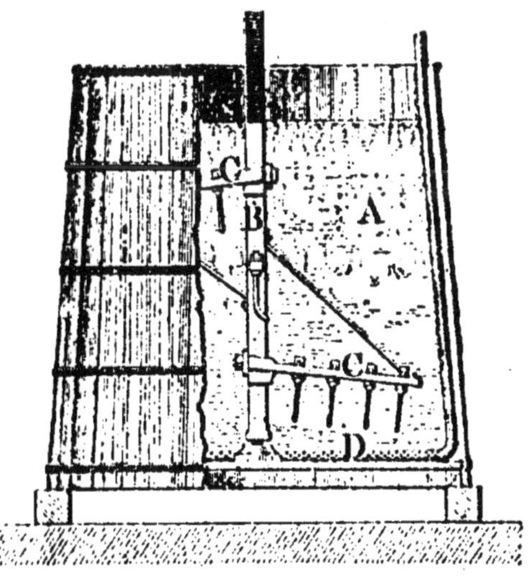

Fig. 50.
Saponification de la graisse par la chaux.

froidir, on sépare par pression l'acide oléique, qui est liquide, des acides margarique et stéarique, qui sont solides.

Autrefois cette saponification se pratiquait dans une cuve en bois (fig. 50), contenant de l'eau chauffée par un courant de vapeur.

193. Fabrication des bougies. — On procède ensuite au coulage de l'acide stéarique dans des moules (fig. 51) où se trouve tendue, suivant leur axe, une mèche de coton tressée et préalablement trempée dans une solution d'acide borique.

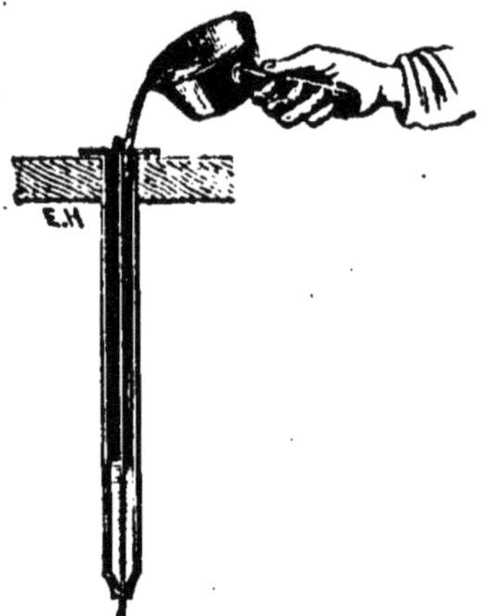

Fig. 51. — Moulage des bougies.

Les bougies sont ensuite blanchies par une exposition à la lumière, et polies par un frottement mécanique sur une bande de drap. On ajoute souvent de la paraffine aux acides gras, pour diminuer la fragilité de la bougie.

Les **chandelles** s'obtiennent en coulant du suif fondu dans des moules garnis d'une mèche de coton non tressée.

RÉSUMÉ

La **glycérine** existe à l'état libre dans les vins, et à l'état d'éther dans les corps gras; on la retire de ces derniers en les saponifiant par un alcali ou par la vapeur d'eau surchauffée. Pour avoir la glycérine dans les laboratoires, on saponifie l'huile d'olive par la litharge, en présence de l'eau.

La glycérine est un liquide sirupeux, incolore, inodore, légèrement sucré, très soluble dans l'eau et l'alcool. Elle dissout les sulfates métalliques insolubles dans l'eau, bout à 275°, et se solidifie au-dessous de 0°. La chaleur et les déshydratants la transforment en acroléine.

Les acides forment avec la glycérine des éthers, dont le plus important, parmi les éthers minéraux, est la *nitroglycérine,* liquide huileux qui détone par le choc. C'est à la préparation de ce dernier corps qu'est employée une grande partie de la glycérine.

Les **savons** sont des sels formés par la combinaison des acides gras avec des oxydes métalliques. Pour fabriquer les savons on fait bouillir de la graisse dans une lessive alcaline. Les corps gras utilisés dans cette fabrication sont : les huiles d'olive, de sésame, d'œillette, de palme; le suif, la résine, etc.

Les savons à base alcaline sont solubles dans l'eau ordinaire, les autres sont insolubles. Suivant la base employée pour la saponification on a des savons mous ou des savons durs. Les savons de toilette, l'emplâtre, les savons blancs, etc., sont des variétés obtenues en faisant varier les proportions ou la nature des principes immédiats qui les constituent.

Pour préparer la **stéarine**, on saponifie le suif fondu par l'eau et la chaux; celle-ci forme avec les acides gras des savons calcaires qui sont décomposés par l'acide sulfurique; les acides gras solides mis en liberté sont, après refroidissement, séparés par pression de l'acide oléique.

L'acide stéarique fondu est ensuite coulé dans des moules qui contiennent chacun dans leur axe une mèche tressée. Par refroidissement on obtient les bougies, qui blanchissent par l'exposition à la lumière.

CHAPITRE XXIII

SACCHAROSE — GLUCOSE

§ I. — Saccharose ou sucre ordinaire : $C^{12}H^{22}O^{11}$.

194. État naturel. — Le saccharose proprement dit, ou sucre ordinaire, est très répandu dans la nature : il existe dans la tige du sorgho, dans la sève du bouleau, et, en petite quantité, dans un grand nombre de fruits. On l'extrait de la canne à sucre qui renferme 18 % de sucre cristallisable; de la betterave à sucre, dont la racine en contient 10 %; et, dans quelques contrées de l'Amérique du Nord, de la sève d'érable.

195. Sucre de betteraves. — La fabrication du sucre de betteraves comprend les opérations suivantes :

a) **L'extraction du jus.** — Après avoir lavé les betteraves, on les réduit en pulpe au moyen de râpes ou de hachoirs, puis on presse la pulpe.

b) **La purification du jus ou défécation.** — Le jus est chauffé, puis additionné de 3 % de chaux vive pulvérisée : il se forme un *sucrate de calcium*, et une grande partie des matières étrangères sont précipitées. Par filtrage, on obtient ensuite un liquide clair.

c) **La carbonatation.** — Un courant d'anhydride carbonique, traversant la liqueur contenue dans une chaudière, précipite la chaux. On filtre le liquide.

d) **La clarification et la décoloration du jus.** — Ces deux opérations sont obtenues par filtrage sur du noir animal.

e) **La cuite du jus.** — La cuite du sirop s'opère au moyen de chaudières closes, dans lesquelles on fait le vide partiel, ce qui permet de faire bouillir le jus à une température relativement peu élevée. La quantité de sucre cristallisable, obtenue dans ces conditions, est plus considérable que si l'on opérait à l'air libre.

f) **La cristallisation.** — Le jus ainsi concentré est envoyé dans de grands cristallisoirs, où les cristaux de sucre se déposent par refroidissement.

g) **Le turbinage.** — Le contenu des cristallisoirs est introduit dans des *turbines essoreuses*, espèces de tambours cylindriques en toile métallique, auxquels on imprime un mouvement de rotation rapide. En vertu de la force centrifuge, les cristaux se trouvent ainsi séparés des eaux-mères qui s'échappent à travers les mailles du tambour et sont recueillies dans une cuve qui entoure la turbine.

On arrose les cristaux restés à l'intérieur à l'aide d'une solution saturée de sucre, et l'on injecte de la vapeur d'eau, ce qui enlève les dernières traces de sirop.

Le sucre blanc qui reste ensuite dans la turbine est appelé sucre de *premier jet;* on pourrait le livrer directement à la consommation, mais on préfère le soumettre au *raffinage*.

Les eaux-mères recueillies, soumises à une nouvelle cuite et à un nouveau turbinage, fournissent le sucre de *deuxième jet;* on peut même obtenir de la même manière un sucre de *troisième jet.* Les eaux-mères restantes constituent la *mélasse.*

h) **Le raffinage.** — Le raffinage consiste à dissoudre les cristaux obtenus dans de l'eau, à clarifier le liquide par du sang de bœuf qui, en se coagulant, entraîne les matières en suspension et les amène à la surface sous forme d'écume. La dissolution décolorée par le noir animal, puis concentrée, est abandonnée à la cristallisation dans des moules coniques dont la pointe, placée en bas, présente une ouverture que l'on débouche à la fin de l'opération pour faire égoutter le résidu non cristallisable ou mélasse.

196. Mélasses. — Les *mélasses de betteraves* sont utilisées, après fermentation, pour la fabrication de l'alcool. Les *mélasses de sucre de canne,* traitées de la même manière, donnent le *rhum.*

Les mélasses épuisées renferment encore des sels de potassium et de sodium, que l'on extrait par des lavages méthodiques.

L'agriculture les utilise comme engrais.

197. Sucre candi. — Lorsque les solutions de sucre sont concentrées jusqu'à 37° Baumé, et abandonnées pendant une quinzaine de jours à une température de 30°, le sucre se sépare en cristaux volumineux, constituant le *sucre candi.* Il est formé de prismes rhomboïdaux obliques, incolores, inodores, durs, anhydres, d'une densité égale à 1,606.

Ce sucre est employé dans la fabrication du vin de Champagne et des liqueurs fines.

198. Propriétés physiques du saccharose. — A la température ordinaire, l'eau dissout trois fois son poids de sucre; celui-ci est soluble dans l'eau chaude en toute proportion. Il cristallise en prismes obliques qui fondent à 160°, et se prennent par refroidissement en une masse transparente, non cristallisée, appelée *sucre d'orge*. A la longue, celui-ci perd sa transparence et repasse, en cristallisant, à l'état de sucre ordinaire.

199. **Propriétés chimiques.** — **Action de la chaleur.** — Maintenu longtemps à 160°, le saccharose se transforme en un mélange de glucose et de *lévulosane* (anhydride de la lévulose) :

$$\underset{\text{Saccharose.}}{C^{12}H^{22}O^{11}} = \underset{\text{Glucose.}}{C^6H^{12}O^6} + \underset{\text{Lévulosane.}}{C^6H^{10}O^5}$$

A une température plus élevée, le sucre prend de l'eau, et donne du caramel ; puis s'enflamme en se décomposant complètement.

Lorsqu'on le chauffe en vase clos, il ne peut pas s'enflammer, mais se transforme en *charbon de sucre* qui est du carbone pur.

Action des acides. — Si l'on fait bouillir le sucre de canne avec des *acides étendus*, il absorbe les éléments d'une molécule d'eau et se convertit en un mélange de glucose et de lévulose, nommé *sucre interverti*. Les formules des deux corps obtenus sont les mêmes :

$$\underset{\text{Saccharose.}}{C^{12}H^{22}O^{11}} + \underset{\text{Eau.}}{H^2O} = \underset{\text{Glucose.}}{C^6H^{12}O^6} + \underset{\text{Lévulose.}}{C^6H^{12}O^6}$$

Les *acides concentrés* agissent différemment : l'acide *sulfurique* le charbonne rapidement. Les agents oxydants, comme l'acide *azotique ordinaire*, transforment le sucre en acide saccharique : [COOH — (CH.OH)^4 — COOH]. Si l'acide *azotique est concentré*, il le transforme en acide oxalique ($C^2O^4H^2$) ou (COOH — COOH).

Action des hydrates basiques. — Le sucre se combine avec les hydrates basiques pour former des sucrates : on connaît les sucrates de baryum et de calcium.

§ II. — Glucose : $C^6H^{12}O^6$.

200. **État naturel.** — Le glucose est très répandu dans la nature. Il existe dans les fruits sucrés : figues, raisins,

prunes, etc.; le miel des abeilles est un mélange de glucose, de lévulose et de saccharose. On le trouve normalement dans le sang, dans la lymphe. Claude Bernard a montré que le glucose prend naissance dans le foie. Les urines des diabétiques en contiennent une quantité notable.

201. **Extraction.** — On peut extraire le glucose du miel. Celui-ci est délayé dans un peu d'alcool froid qui dissout le lévulose; après avoir décanté la partie liquide, on exprime le résidu et on lave une seconde fois avec de l'alcool froid. Puis on dissout le glucose, encore coloré, dans de l'eau bouillante additionnée de noir animal, et l'on filtre. Le glucose pur cristallise, par refroidissement, dans la solution filtrée.

202. **Préparation industrielle.** — Dans l'industrie, on prépare le glucose en hydratant l'amidon ou la fécule par les acides étendus :

$$\underset{\text{Amidon.}}{(C^6H^{10}O^5)^n} + \underset{\text{Eau.}}{nH^2O} = \underset{\text{Glucose.}}{n(C^6H^{12}O^6)}$$

On ajoute de la fécule délayée dans de l'eau à un mélange d'eau et d'acide sulfurique, chauffé par des jets de vapeur, et on maintient l'ébullition jusqu'à ce que la liqueur ne bleuisse plus par l'iode, et ne précipite plus par l'alcool.

Alors, la saccharification est terminée. L'acide sulfurique est ensuite saturé par la craie; on passe la partie liquide à travers des toiles pour séparer le sulfate de calcium, et l'on évapore jusqu'à ce que le liquide marque de 31° à 33° Baumé. Il se dépose, après une semaine environ de repos, des cristaux mamelonnés de glucose que l'on égoutte et que l'on sèche.

L'industrie transforme aussi en glucose la cellulose des vieux chiffons.

203. **Propriétés physiques.** — Le glucose cristallise dans l'eau en mamelons blancs qui renferment une molécule d'eau ($C^6H^{12}O^6 + H^2O$). Ces cristaux fondent au bain-marie et deviennent anhydres à 100°. Dans l'alcool bouillant, le glucose cristallise en aiguilles anhydres. Il a une saveur sucrée trois fois moins forte que le sucre de canne.

204. Propriétés chimiques. — Action de la chaleur. — A 170° le glucose fond, puis se détruit, en donnant naissance à des composés complexes, solubles dans l'eau; si la température s'élève, le produit noircit et se transforme finalement en carbone.

Action des bases. — Les bases alcalines ou alcalino-terreuses détruisent le glucose à l'ébullition. La liqueur, primitivement incolore, devient jaune, puis brune.

Action des oxydants. — Sous l'action des corps oxydants, tels que l'acide azotique étendu, le glucose donne l'acide saccharique. Par une oxydation plus prolongée, la molécule d'acide saccharique se brise, en donnant de l'acide oxalique ($C^2O^4H^2$).

Action des ferments. — Sous l'influence de la levure de bière, le glucose subit la fermentation alcoolique : il se dédouble en alcool éthylique et gaz carbonique :

$$\underset{\text{Glucose.}}{C^6H^{12}O^6} = \underset{\text{Alcool éthylique.}}{2C^2H^6O} + \underset{\text{Anhydride carbonique.}}{2CO^2}$$

Action réductrice du glucose. — La réaction caractéristique du glucose consiste à réduire la *liqueur de Fehling* en formant un précipité rouge de sous-oxyde de cuivre (Cu^2O).

Cette propriété permet aux médecins de constater l'existence de la maladie appelée *diabète*, par la quantité de glucose contenue dans les urines du malade.

Liqueur de Fehling. — Pour préparer la liqueur de Fehling, on dissout séparément dans de l'eau : 130gr de soude, 80gr de potasse, 105gr d'acide tartrique et 40gr de sulfate de cuivre. On mélange ces différentes dissolutions dans un même matras, et on étend avec de l'eau de manière à faire un litre de liquide. On cherche ensuite quelle quantité de cette liqueur est décolorée par 1gr de glucose pur; cette quantité, étendue avec de l'eau, jusqu'au volume de 100cc, formera la liqueur d'épreuve.

Pour essayer une liqueur sucrée, on l'introduit dans une burette graduée, et on la laisse tomber goutte à goutte dans la liqueur d'épreuve chauffée, jusqu'à ce que la décoloration de cette dernière soit complète. On sait alors que l'on a introduit 1gr de sucre, qui se trouvait dans le volume du liquide sucré disparu de la burette. Une simple règle de trois permet de déterminer la quantité de glucose contenue dans un litre.

205. **Usages.** — Le glucose est peu employé dans les usages domestiques. On l'utilise dans la fabrication de la bière et de différents sirops.

RÉSUMÉ

Le **saccharose** existe dans : la tige du sorgho, la sève du bouleau, un grand nombre de fruits; on l'extrait de la canne à sucre et du jus de betterave.

La fabrication du sucre de betteraves comprend : l'extraction du jus, la défécation, la carbonatation, la décoloration, la cuite, le turbinage et le raffinage.

Les mélasses fermentées fournissent l'alcool de betteraves; les mélasses de sucre de canne fermentées donnent le rhum.

Le *sucre candi* s'obtient en faisant cristalliser lentement une dissolution sucrée concentrée. On l'utilise pour fabriquer le champagne.

Le saccharose est très soluble dans l'eau chaude, moins dans l'eau froide. La chaleur le détruit et le transforme, vers 160°, en glucose et lévulose; au-dessus de cette température, le sucre est complètement décomposé.

Le saccharose donne, en présence des acides étendus, le *sucre interverti*. Les oxydants transforment le sucre en acide saccharique ou en acide oxalique.

Le **glucose** est très répandu dans la nature; on l'extrait du miel. L'industrie le prépare en hydratant l'amidon par les acides.

Le glucose se détruit complètement à une température suffisamment élevée, surtout en présence d'une base alcaline. Les oxydants le transforment, comme le sucre ordinaire, en acide saccharique ou en acide oxalique. Il fermente avec la levure de bière; il réduit la *liqueur de Fehling*.

CHAPITRE XXIV

AMIDON — CELLULOSE

§ I. — Amidon $(C^6H^{10}O^5)^n$.

206. **État naturel.** — L'amidon se trouve dans les graines des céréales, des légumineuses, les fruits du châtaignier, les tubercules des pommes de terre, les bulbes des liliacées, etc. Sa présence a été signalée dans l'organisme animal, dans la rate, les reins, etc. On l'extrait ordinairement des céréales ou des pommes de terre; dans ce dernier cas, il s'appelle plus spécialement *fécule*.

207. **Extraction industrielle.** — L'industrie extrait l'amidon de la farine des céréales, qui contient de 60 à 70 % d'amidon, plus de l'eau, et environ 10 % de gluten. Une pâte, composée de deux parties de farine et d'une partie d'eau, est malaxée sous un filet d'eau au-dessus d'un tamis très fin. Le gluten gélatineux est retenu par le tamis, tandis que les grains d'amidon passent à travers les mailles et se déposent au fond de l'eau. Recueilli et abandonné pendant vingt-quatre heures à la fermentation, pour le débarrasser de quelques traces de gluten mécaniquement entraînées, l'amidon est ensuite lavé, égoutté, desséché d'abord à l'air, puis à l'étuve.

Fig. 52. — Extraction de l'amidon.

Par la dessiccation, les pains d'amidon éprouvent un retrait et se fendent en prismes irréguliers, qui lui ont fait donner le nom d'*amidon en aiguilles*.

Dans les laboratoires, on malaxe la pâte sous un filet d'eau (fig. 52); les grains d'amidon sont entraînés, et il reste entre les doigts le *gluten,* matière azotée constituant la partie la plus nourrissante du pain.

208. Propriétés physiques. — L'amidon est une substance blanche. Au microscope, ce corps apparaît sous la forme de petits grains arrondis ou ovoïdes (fig. 53), dont le diamètre est environ $0^{mm},05$, et qui présentent des stries concentriques. L'amidon est insoluble dans l'eau froide, l'alcool et l'éther.

Fig. 53.
Grains d'amidon.

209. Propriétés chimiques. — **Action de la chaleur.** — Chauffé au bain-marie à 100°, en vase clos, pendant vingt-quatre heures, l'amidon devient en partie soluble dans l'eau. La dissolution, traitée par l'alcool absolu, laisse précipiter une poudre blanche qui bleuit par l'iode; c'est l'*amidon soluble.*

Chauffé à 210°, pendant longtemps, l'amidon se transforme en une matière complètement soluble dans l'eau; c'est la *dextrine.*

Action de l'eau chaude. — Quand l'amidon sec est traité par l'eau bouillante, ses grains gonflent, crèvent, et les couches extérieures se déchirent; on obtient une pâte qui est l'*empois d'amidon.*

Action de l'iode. — L'amidon et l'empois d'amidon se colorent en bleu intense par l'iode. La solution d'amidon bleue perd sa couleur à l'ébullition et la reprend en se refroidissant.

Action des acides étendus. — Sous l'influence des acides étendus, les effets subis par l'amidon dépendent de la durée de l'action. Après un contact de une demi-heure à trois quarts d'heure, l'amidon se transforme en amidon soluble. Si l'action de l'acide se prolonge, l'amidon fixe une molécule d'eau et se dédouble en maltose et en dextrine :

$$\underset{\text{Amidon.}}{3(C^6H^{10}O^5)^n} + \underset{\text{Eau.}}{nH^2O} = \underset{\text{Maltose.}}{nC^{12}H^{22}O^{11}} + \underset{\text{Dextrine.}}{nC^6H^{10}O^5}$$

Puis le maltose s'hydrate et se transforme en glucose :

$$\underset{\text{Maltose.}}{C^{12}H^{22}O^{11}} + \underset{\text{Eau.}}{H^2O} = \underset{\text{Glucose.}}{2C^6H^{12}O^6}$$

La dextrine s'hydrate à son tour, mais plus lentement, pour se transformer en glucose :

$$\underset{\text{Dextrine.}}{C^6H^{10}O^5} + \underset{\text{Eau.}}{H^2O} = \underset{\text{Glucose.}}{C^6H^{12}O^6}$$

Le terme final de ces transformations successives est donc le glucose. La *diastase* de l'orge germée opère la même transformation de son amidon en glucose; lequel donne, par fermentation, un liquide alcoolique, la *bière*.

Hydratation de l'amidon dans l'organisme. — Les phénomènes de transformation et d'hydratation de l'amidon sont très fréquents dans la nature. L'amidon, pour être absorbé par l'organisme, doit se transformer en glucose. Cette transformation commence sous l'action de la salive, qui contient un ferment soluble, la *ptyaline*, analogue à la diastase. Ce ferment agit surtout sur l'amidon qui a été fortement chauffé, comme celui qui est dans le pain. La transformation se termine dans l'intestin grêle, sous l'action du suc pancréatique.

210. Fécule. — La **fécule**, dont les grains peuvent mesurer 0mm,18 de diamètre (fig. 54), a la même composition centésimale que l'amidon et en possède toutes les

Fig. 54. — Grains de fécule.

Fig. 55. — Extraction de la fécule.

propriétés. On l'obtient en râpant des pommes de terre; la

matière râpée est ensuite tamisée puis delayée dans l'eau (fig. 55); la fécule tombe au fond, sous la forme d'une poudre blanche, qui est recueillie et séchée.

Le *tapioca*, le *sagou*, le *salep*, l'*arrow-root*, sont des fécules alimentaires qui sont en tout semblables à la fécule de pomme de terre.

211. **Dextrine.** — La dextrine a, comme la fécule, la même composition chimique que l'amidon; c'est une matière solide, très soluble dans l'eau, insoluble dans l'alcool concentré; elle se rapproche par là des sucres. Les acides étendus la transforment en glucose.

La dextrine remplace la gomme arabique dans l'industrie; elle sert à encoller les tissus et à préparer des bandes pour la chirurgie.

212. **Diastase.** — La *diastase* est une substance azotée qui se développe dans la germination des graines; elle transforme l'amidon, qui est insoluble, en dextrine; puis en glucose, matière soluble.

§ II. — Cellulose : $C^6H^{10}O^5$.

213. **État naturel.** — La cellulose est la substance qui constitue les parois des cellules et des vaisseaux de toutes les plantes; c'est de là que lui vient son nom. Son aspect, sa consistance, son état d'agrégation varient singulièrement. Le *coton*, le *vieux linge*, le *papier à filtre* sont constitués par de la cellulose presque pure.

214. **Extraction.** — Pour obtenir la cellulose chimiquement pure, on fait bouillir le coton ou le vieux linge avec de la potasse; puis on lave successivement le produit obtenu avec des acides étendus, de l'eau de chlore, de l'alcool, de l'éther et de l'eau distillée. Finalement il reste de la cellulose pure.

L'industrie utilise du bois de sapin ou de peuplier pour obtenir la cellulose qui formera la pâte à papier. La matière est d'abord transformée en bouillie par la désagrégation, puis la pâte est purifiée, comme lorsqu'on se sert des chiffons.

215. **Propriétés physiques.** — La cellulose est une matière solide, blanche, amorphe, inodore et insipide.

Elle est insoluble dans tous les réactifs, sauf dans la solution d'oxyde de cuivre ammoniacal, appelée encore réactif de *Schweitzer,* ou *eau céleste.* Ce réactif s'obtient en agitant au contact de l'air une solution d'ammoniaque renfermant de la tournure de cuivre.

216. **Propriétés chimiques. — Action de la chaleur.** — La chaleur décompose la cellulose en donnant des produits volatils complexes, analogues à ceux obtenus dans la distillation du bois.

Action des acides. — Les acides étendus la précipitent sous forme d'une masse gélatineuse qui, lavée à l'alcool et desséchée, devient pulvérulente, blanche, ténue, et possède toutes les propriétés de la cellulose.

Sous l'influence de l'*acide sulfurique,* la cellulose subit des transformations diverses, suivant la température, la durée de l'action et la concentration de l'acide.

Du papier plongé pendant une ou deux minutes dans l'acide sulfurique étendu de la moitié de son volume d'eau, puis lavé avec soin et séché, devient le *papier parchemin,* ou *parchemin végétal.* Sa résistance à la rupture est cinq fois plus forte que celle du papier ordinaire, et les deux tiers de celle du parchemin animal, qu'il peut remplacer dans ses usages.

Un contact plus prolongé de l'acide sulfurique et de la cellulose convertit celle-ci partiellement en amidon. Le produit obtenu a, en effet, acquis la propriété caractéristique de l'amidon, qui est de bleuir par l'iode.

L'acide sulfurique à froid finit par dissoudre complètement la cellulose. En étendant la liqueur d'eau et en la saturant par la chaux, on constate qu'elle renferme de la dextrine.

Si l'on soumet à l'ébullition la solution de cellulose dans l'acide sulfurique, c'est du glucose qui prend naissance.

En faisant bouillir de la cellulose avec l'*acide azotique* dilué, on obtient de l'acide oxalique. L'acide azotique fumant donne avec la cellulose des produits nitrés, qui sont des éthers de la cellulose, et que l'on peut considérer comme les résultats de la substitution de *un* ou *plusieurs* radicaux azotiles (AzO^2), à *un* ou *plusieurs* atomes d'hydrogène de la cellulose. Tel est le *fulmicoton*, ou *coton-poudre*, mélange des éthers *bi* et *trinitrique* de la cellulose :

$$C^6H^8O^5(AzO^2)^2 + C^6H^7O^5(AzO^2)^3.$$

Le **fulmicoton** est obtenu par la trempe de la cellulose dans l'acide azotique fumant, pendant un quart d'heure. Le produit est ensuite lavé à grande eau et séché.

La présence dans ce corps des groupements explosifs (AzO^2) montre que c'est un composé très explosible et très inflammable. On l'utilise dans les travaux de mines.

Dissous dans l'éther, le fulmicoton forme le *collodion*, substance visqueuse, et, après avoir été séchée, très résistante, et qui est employée en photographie et en chirurgie.

Mêlé à du camphre, le fulmicoton donne le *celluloïd*, utilisé dans la fabrication des objets de toilette : cols, peignes, etc.

Action des alcalis. — Les solutions alcalines étendues sont sans action sur la cellulose à la température ordinaire. Mais si l'on fait bouillir ce corps avec une solution concentrée de potasse, on obtient de l'oxalate de potassium. Cette propriété est devenue la base de la préparation industrielle de l'acide oxalique.

217. **Usages.** — La cellulose sert à fabriquer le fulmicoton, des tissus, des cordes, et surtout du papier.

218. **Fabrication du papier.** — Le papier se fabriquait autrefois presque exclusivement avec les chiffons; mais, aujourd'hui, l'on réserve les chiffons pour la fabrication des papiers de choix. Les papiers communs sont le plus souvent fabriqués avec de l'alfa ou de la pâte de bois.

La fabrication par les chiffons comprend les opérations suivantes :

1° **Triage.** — Les chiffons sont triés à la main, suivant

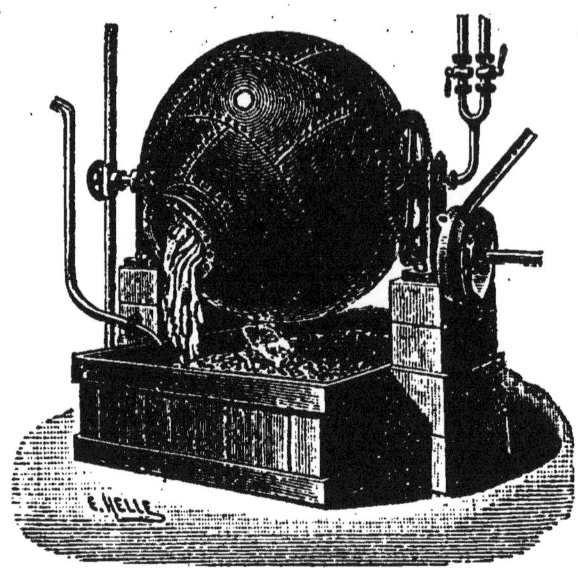

Fig. 56. — Laveur mécanique.

leur couleur, leur nature, leur solidité, puis lessivés (fig. 56).

2° **Effilochage.** — Par l'effilochage, le tissu des chiffons est désagrégé; les fils sont séparés les uns des autres au moyen de machines spéciales, après avoir été lavés dans une dissolution chaude de soude, ce qui favorise la désagrégation.

3° **Blanchiment.** — La décoloration des chiffons s'obtient au moyen du chlore ou du chlorure de chaux.

4° **Moulage du papier.** — Si le papier doit être *collé*, on incorpore à la pâte une bouillie de résine et d'alun, qui fait que le papier ne boit pas l'encre. Le papier buvard est du papier non collé. Ensuite la pâte est colorée, si on veut obtenir du papier de couleur; puis elle est étendue mécaniquement sur des cadres couverts d'une toile métallique qui laisse filtrer l'eau. Finalement la pâte à papier est engagée entre des rouleaux chauffés qui la sèchent, la pressent et lui donnent son lustre.

RÉSUMÉ

L'amidon est répandu abondamment dans les règnes végétal et animal. L'industrie l'extrait de la farine des céréales.

L'amidon est une substance blanche, sous forme de petits grains, insoluble dans l'eau froide, l'alcool et l'éther. La chaleur la transforme en dextrine, soluble dans l'eau. Sous l'action de l'eau bouillante, l'amidon se change en *empois d'amidon,* qui se colore en bleu par l'iode. Les acides étendus font subir à l'amidon différentes transformations, variables avec la durée de l'action et dont le terme final est le glucose. Cette transformation a lieu dans l'organisme. Si l'amidon est extrait des pommes de terre, il s'appelle *fécule.*

La **cellulose** constitue les parois des cellules et des vaisseaux de toutes les plantes. On retire de la cellulose chimiquement pure du coton ou du vieux linge. L'industrie l'extrait du bois de sapin.

La cellulose est une matière blanche, inodore, insipide, insoluble dans tous les réactifs autres que l'*eau céleste.* Elle est décomposée par la chaleur. Sous l'influence de l'acide sulfurique, elle subit des transformations variables avec la température, la durée de l'action et la concentration de l'acide.

La cellulose est transformée, par l'acide azotique dilué, en acide oxalique; et, par l'acide fumant, en éthers de la cellulose, dont le plus important est le fulmi-coton, qui sert à préparer le collodion et le celluloïd. Les solutions alcalines concentrées et bouillantes donnent, avec la cellulose, des oxalates alcalins.

La cellulose des chiffons sert surtout à la fabrication du papier, fabrication qui comprend les opérations suivantes : triage, effilochage, blanchiment et moulage du papier.

CHAPITRE XXV

PHÉNOL — ANILINE

§ I. — Phénol : C^6H^5OH.

210. Préparation. — Le phénol ordinaire existe tout formé dans les goudrons de houille. Comme il bout à 188°, il se trouve exclusivement dans les produits de la distillation qu'on recueille entre 160° et 200°. En saturant ces produits par la soude, on obtient un *phénate de sodium* qui gagne le fond du récipient, tandis que les huiles lourdes surnagent. La dissolution alcaline de phénate de sodium, décantée et neutralisée par l'acide chlorhydrique, laisse déposer le phénol au fond du vase, sous la forme d'une couche huileuse. Ce produit, lavé et séché, est ensuite rectifié. En ne recueillant que les parties qui distillent vers 190°, on obtient un liquide épais qui, refroidi à —10°, se solidifie, et abandonne par égouttage les liquides dont il peut être mélangé.

On peut le purifier par distillation dans le vide, et cristallisations successives. Il faut le conserver dans des flacons bien bouchés.

220. Propriétés physiques. — Le phénol est en cristaux incolores, qui jaunissent peu à peu au contact de l'air. Son odeur est désagréable et sa saveur caustique. Le phénol pur fond entre 41° et 42°; une fois fondu, il ne se solidifie que bien au-dessous de 40°; cette surfusion cesse avec l'introduction dans la liqueur d'un cristal du corps. Il bout à 188°, et se dissout dans 20 fois son poids d'eau en formant l'*eau phéniquée*.

221. Propriétés chimiques. — Le phénol brûle avec une flamme fuligineuse.

Action des acides. — L'*acide azotique* forme, avec le phénol, des dérivés nitrés dont le plus important est le *trinitrophénol* [$C^6H^2(AzO^2)^3OH$] ou *acide picrique*. On l'obtient en faisant agir l'acide azotique sur le phénol solide.

$$\underset{\text{Phénol.}}{C^6H^5.OH} + \underset{\text{Acide azotique.}}{3AzO^3H} = \underset{\text{Acide picrique.}}{C^6H^2 < {OH \atop (AzO^2)^3}} + \underset{\text{Eau.}}{3H^2O}$$

Avec l'*acide sulfurique*, le phénol donne l'acide *phénolsulfonique*, composé très stable :

$$\underset{\text{Phénol.}}{C^6H^5OH} + \underset{\text{Acide sulfurique.}}{SO^4H^2} = \underset{\text{Acide phénolsulfonique.}}{C^6H^4 < {OH \atop SO^3H}} + \underset{\text{Eau.}}{H^2O}$$

Action des alcalis. — Avec les alcalis, le phénol se comporte comme un acide faible; il forme des phénates alcalins, qui sont décomposés partiellement par l'eau :

$$\underset{\text{Phénol.}}{C^6H^5.OH} + \underset{\text{Soude.}}{NaOH} = \underset{\text{Phénate de sodium.}}{C^6H^5ONa} + \underset{\text{Eau.}}{H^2O}$$

Avec le sodium, la décomposition peut être complète, car il ne se forme pas d'eau, et la réaction inverse due à ce liquide n'a pas lieu :

$$\underset{\text{Phénol.}}{C^6H^5OH} + \underset{\text{Sodium.}}{Na} = \underset{\text{Phénate de sodium.}}{C^6H^5ONa} + \underset{\text{Hydrogène.}}{H}$$

L'hydrogène se dégage.

Action des chlorures d'acides. — Sous l'action d'un chlorure d'acide, tel que le chlorure d'acétyle (C^2H^3OCl), le phénol forme un éther, qui dans le cas actuel est l'éther *phénol acétique :*

$$\underset{\text{Phénol.}}{C^6H^5.OH} + \underset{\text{Chlorure d'acétyle.}}{C^2H^3OCl} = \underset{\text{Phénol acétique.}}{C^6H^5.C^2H^3O^2} + \underset{\text{Acide chlorhydrique.}}{HCl}$$

222. Usages du phénol. — Le phénol est surtout utilisé comme désinfectant et antiseptique : dans les hôpitaux, les amphithéâtres de dissections, les lieux contaminés par des maladies contagieuses, etc. On l'emploie aussi pour préparer quelques matières colorantes.

223. Acide picrique [$C^6H^2(AzO^2)^3OH$]. — Pour obtenir ce corps, on dissout *une* partie de phénol dans *trois* parties d'acide azotique concentré, et on fait bouillir la solution jusqu'à ce qu'il ne se dégage plus de vapeurs nitreuses; le liquide, en se refroidissant, se prend en une masse d'acide picrique brut. On le purifie, en le transformant en picrate d'ammonium, que l'on fait cristalliser, et qui est ensuite décomposé par l'acide sulfurique en excès.

L'acide picrique cristallise en aiguilles prismatiques jaune-citron, peu solubles dans l'eau froide, mais se dissolvant dans l'alcool et dans l'éther. Il a une saveur acide et amère; son pouvoir colorant est tel, que l'eau qui n'en contient qu'un gramme par mètre cube a encore une couleur jaune très marquée. Cet acide se fixe directement sur la soie et la laine et les teint en jaune, sans l'intermédiaire d'aucun mordant.

Chauffé doucement et en petite quantité, l'acide picrique fond, puis se sublime; chauffé brusquement, il détone.

L'acide picrique possède une réaction acide, et se combine avec les bases en donnant des sels cristallisés, tous colorés en jaune et appelés *picrates*.

Il est quelquefois employé pour falsifier les bières; mais on reconnaît facilement sa présence en plongeant dans le liquide un écheveau de soie, qui se colore en jaune sous l'influence de faibles traces d'acide picrique.

§ II. — Aniline ou phénylamine : $C^6H^5AzH^2$.

224. Préparation. — L'industrie se procure l'aniline, en traitant la nitrobenzine par les corps réducteurs.

Le procédé consiste à mélanger, dans une cornue, de la nitrobenzine avec de l'acide acétique et de la limaille de fer. Ce métal, en se dissolvant dans l'acide, dégage de l'hydrogène qui réduit la nitrobenzine en aniline.

$$\underset{\text{Nitrobenzine.}}{C^6H^5AzO^2} + \underset{\text{Hydrogène.}}{6H} = \underset{\text{Aniline.}}{C^6H^5AzH^2} + \underset{\text{Eau.}}{2H^2O}$$

La réaction se produit d'elle-même à 15°, et la chaleur dégagée fait passer la plus grande partie du produit de la cornue dans le récipient en communication avec elle. On reverse le tout dans la cornue; après avoir distillé à siccité, on ajoute au résidu de la chaux qui met en liberté la portion d'aniline qui se trouve à l'état d'acétate, et l'on distille à nouveau.

Les produits des deux distillations étant réunis, le mélange renferme toute l'aniline formée; on la sépare par décantation du liquide aqueux qui surnage.

225. Propriétés physiques. — L'aniline est un liquide incolore, oléagineux, très réfringent, d'une odeur désagréable, d'une saveur âcre; elle est plus dense que l'eau, bout à 184° en répandant des vapeurs vénéneuses. Elle est très peu soluble dans l'eau, mais se dissout dans l'alcool, l'éther, les huiles grasses et essentielles.

226. Propriétés chimiques. — **Action de l'oxygène ou des agents oxydants.** — L'aniline brunit à l'air. Les agents oxydants forment avec l'aniline des matières colorantes. Ainsi le chlorure de chaux donne avec cette base une coloration violette. Un mélange de bichromate de potassium et d'acide sulfurique donne, avec elle, une couleur d'un bleu intense.

Action des acides. — L'aniline se combine avec les acides, en donnant des composés bien définis, cristallisés, solubles dans l'eau et l'alcool, et analogues aux sels ammoniacaux.

$$\underset{\text{Aniline.}}{C^6H^5.AzH^2} + \underset{\text{Acide chlorhydrique.}}{HCl} = \underset{\text{Chlorure de phénylaminonium.}}{C^6H^5AzH^2,HCl}$$

Si on électrolyse le chlorure obtenu, il se forme, au bout d'un certain temps, autour de l'anode, un produit noir, répondant à la formule $C^{24}H^{20}Az^4$. C'est le *noir d'aniline*. L'électrolyse du sulfate d'aniline donnerait le même résultat.

Action basique. — L'aniline précipite les sels métalliques; ainsi, avec le perchlorure de fer, elle donne un précipité d'hydrate ferrique.

Réactifs. — L'aniline bleuit à peine le tournesol; avec le chlorure de platine, elle donne un précipité jaune. Avec des traces de chlorure de chaux, elle se colore en violet-pourpre.

227. Usages. — L'industrie prépare en grande quantité les matières colorantes, par l'action des corps oxydants sur un mélange d'aniline et de toluidine. Mais ces couleurs, très vives et très agréables, manquent de fixité et disparaissent à la longue, sous l'action de la lumière ou de l'humidité.

RÉSUMÉ

Le **phénol** existe dans les goudrons de houille, d'où il est extrait par distillation fractionnée.

Il se présente en cristaux incolores, jaunissant à l'air, d'une odeur désagréable, d'une saveur caustique, fondant vers 41° et bouillant à 188°. Sa dissolution aqueuse forme l'eau phéniquée, utilisée comme désinfectant et antiseptique.

Il brûle avec une flamme fuligineuse; l'acide azotique forme avec lui des dérivés nitrés, et en particulier l'*acide picrique*. L'acide sulfurique le transforme en acide phénolsulfonique. Avec les alcalis, il forme des phénates alcalins décomposables par l'eau.

L'aniline est obtenue en traitant la nitrobenzine par un réducteur. C'est un liquide incolore, oléagineux, d'une odeur désagréable, d'une saveur âcre, bouillant à 184°, peu soluble dans l'eau, mais se dissolvant dans l'alcool, l'éther et les huiles grasses et essentielles.

L'aniline forme, avec les oxydants, des matières colorantes; elle s'unit aux acides en donnant des composés cristallisés analogues aux sels ammoniacaux; elle précipite les sels métalliques.

L'industrie emploie l'aniline pour préparer des matières colorantes.

PROBLÈMES

CHIMIE MINÉRALE

1. — *Quel est le poids de carbonate de calcium obtenu en abandonnant à l'action de l'air 112gr de chaux éteinte? Poids atomique de* Ca = 40, *de* O = 16, *de* C = 12.

2. — *Quel poids de carbonate de calcium faudra-t-il décomposer pour obtenir un mètre cube de chaux? Densité de la chaux* = 3,3; *poids atomique de* Ca = 40, *de* O = 16, *de* C = 12.

3. — *Quel est le poids de marbre blanc* (CO^3Ca) *qui renferme autant de gaz carbonique qu'un siphon d'eau de Seltz, tenant en dissolution cinq litres de gaz? Poids atomique de* C = 12, *de* O = 16, *de* Na = 23; *poids du litre de gaz carbonique* = 2gr.

4. — *Quel poids d'azotate de sodium* (AzO^3Na) *peut-on transformer en azotate de potassium* (AzO^3K), *avec* 1490gr *de chlorure de potassium* (KCl)? *Poids atomique de* K = 39, *de* Na = 23, *de* O = 16, *de* Az = 14, *de* Cl = 35,5.

5. — *Quel poids d'acide sulfurique faut-il faire agir sur un mélange de chlorure de sodium et de bioxyde de manganèse, pour préparer* 630gr *de chlore? Poids atomique de* S = 32, *de* O = 16, *de* H = 1, *de* Cl = 35,5.

6. — *Quel volume de chlore peut-on préparer, par l'action du bioxyde de manganèse et de l'acide sulfurique sur* 585gr *de chlorure de sodium? Densité du chlore* = 2,45; *poids atomique de* Na = 23, *de* Cl = 35,5.

7. — *Quelle quantité de sel marin faudra-t-il électrolyser pour obtenir* 10l *de chlore? Poids du litre de chlore* 3gr,15; *poids atomique de* Na = 23, *de* Cl = 35,5.

8. — *Quel poids de sulfate de sodium peut-on réduire en sulfure avec* 100kg *de charbon? Poids atomique de* S = 32, *de* Na = 23, *de* O = 16, *de* C = 12.

9. — *On réduit par le charbon 212kg de carbonate de sodium; quel sera le poids du sodium obtenu? Poids atomique de* Na = 23, *de* O = 16, *de* C = 12.

10. — *En réduisant du carbonate de sodium par le charbon, on a recueilli 147gr,2 de sodium. La perte constatée a été de 20 %. Quel est le poids de sodium produit dans la réduction, et quel est le poids de carbonate décomposé? Poids atomique de* Na = 23, *de* O = 16, *de* C = 12.

11. — *Le bicarbonate de sodium* (CO^3NaH), *chauffé, se transforme en carbonate neutre* (CO^3Na^2) *avec dégagement de gaz carbonique. Trouver la quantité de bicarbonate à calciner pour recueillir 100l de gaz carbonique. Poids du litre de gaz carbonique* = 1gr,97; *poids atomique de* Na = 23, *de* O = 16, *de* C = 12, *de* H = 1.

12. — *Quel volume d'anhydride carbonique faut-il faire agir sur 3180gr de carbonate neutre de sodium* (CO^3Na^2), *pour le transformer complètement en bicarbonate* (CO^3NaH)? *Poids du litre de gaz carbonique* = 1gr,97; *poids atomique de* Na = 23, *de* O = 16, *de* C = 12.

13. — *L'analyse d'un composé donne 0gr,52 de calcium et 0gr,40 d'anhydride carbonique. On combine ces deux corps pour former du carbonate de calcium pur; y a-t-il un excès de l'un des deux, et quel est le poids de cet excès? Poids atomique de* Ca = 40, *de* O = 16, *de* C = 12.

14. — *Quel est le poids de minium qui renferme autant de plomb que 1602gr de carbonate de plomb? Poids atomique de* Pb = 207, *de* O = 16, *de* C = 12.

15. — *Dans une fosse destinée à la fabrication du carbonate de plomb, on a entassé 2000 pots contenant chacun une lame de plomb de 400gr. Au bout de six semaines, on a recueilli 801kg de carbonate de plomb. De combien chacune des lames de plomb a-t-elle diminué? Poids atomique de* C = 12, *de* O = 16, *de* Pb = 207.

16. — *Quel est le volume d'hydrogène produit par l'introduction de un gramme de limaille de zinc dans l'eau acidulée? Poids atomique de* Zn = 66, *de* H = 1; *poids du litre d'hydrogène* = 0,089.

17. — *Quelle quantité de charbon faut-il pour réduire 3280gr d'oxyde de zinc? Poids atomique de* Zn = 66, *de* O = 16, *de* C = 12.

18. — *On fait réagir au rouge un kilogramme de charbon sur un kilogramme d'oxyde de zinc. Quel sera le corps en excès et quel sera le poids de cet excès? Poids atomique de* Zn = 66, *de* C = 12, *de* O = 16.

19. — *On introduit dans une cornue un mélange d'oxyde de zinc et de charbon; on recueille 1320gr de zinc et il reste comme résidu 200gr de charbon. Quels étaient les poids d'oxyde de zinc et de charbon introduits dans la cornue? Poids atomique de* Zn = 66, *de* C = 12, *de* O = 16.

20. — *Quel est le volume d'air nécessaire pour transformer complètement 490gr de sulfure de zinc en oxyde de zinc et en gaz sulfureux? Poids atomique de* Zn = 66, *de* O = 16, *de* S = 32; *poids du litre d'air* = 1gr,293.

21. — *On a employé 500gr de sulfate de fer pour composer deux litres d'encre. Quel poids de fer renferme un litre de cette encre? Poids atomique de* Fe = 56, *de* S = 32, *de* O = 16.

22. — *La rouille de fer a pour formule* $(Fe^2O^3)^2 3H^2O$. *Un fil de fer pesant 10gr s'est complètement transformé en rouille; combien pèse-t-il alors? Poids atomique de* Fe = 56, *de* O = 16, *de* H = 1.

23. — *Quel est le poids d'oxygène nécessaire pour transformer 1680gr de fer en oxyde magnétique? Poids de* Fe = 56, *de* O = 16.

24. — *On enflamme une tige de fer dans un flacon contenant 2l d'oxygène sec. Après l'extinction, la tige de fer pèse 6gr; quel était son poids avant de l'introduire dans le flacon? On admet que tout l'oxyde magnétique formé est tombé au fond du flacon. Poids atomique de* Fe = 56, *de* O = 16; *poids du litre d'oxygène* = 1gr,43.

25. — *Le fer plongé dans une dissolution de sulfate de cuivre la décompose, en se recouvrant de cuivre. Quel sera l'augmentation de poids d'une tige de fer plongée dans une dissolution renfermant 319gr de sulfate de cuivre, en admettant que tout le cuivre de la dissolution se soit déposé sur le fer? Poids atomique de* Cu = 63, *de* S = 32, *de* O = 16.

26. — *L'oxyde de cuivre* (CuO) *décompose le chlorure d'ammonium* (AzH^4Cl) *en dégageant du chlorure de cuivre, du gaz ammoniac et de l'eau. On demande combien il faudra d'oxyde de cuivre pour décomposer complètement 2kg de chlorure d'ammonium? Poids atomique de* Cu = 63, *de* Az = 14, *de* H = 1, *de* O = 16, *de* Cl = 35,5.

27. — *Quel poids de chlorure de sodium faut-il employer pour précipiter tout l'argent contenu dans une pièce de cinq francs dissoute dans l'acide azotique? Poids atomique de* Ag = 108, *de* Na = 23, *de* Cl = 35,5.

28. — *Combien faut-il prendre de pièces de cinq francs pour avoir la même quantité de cuivre que dans 1595gr de sulfate de cuivre? Poids atomique de* Cu = 63,5, *de* S = 32, *de* O = 16. *Poids de la pièce de cinq francs* = 25gr; *titre des pièces* 0,900.

29. — *On fond ensemble 100gr de l'alliage des pièces de cinq francs au titre 0,900, 100gr de l'alliage des vaisselles au titre 0,950, et 100gr de l'alliage pour les bijouteries au titre de 0,800. Quel sera le poids d'argent contenu dans le lingot obtenu?*

30. — *Quelle quantité d'argent faut-il ajouter à 200gr de l'alliage des pièces de cinq francs au titre 0,9, pour le transformer en alliage des vaisselles au titre de 0,950, et quel sera le poids du nouvel alliage obtenu?*

31. — *Le calomel* (Hg^2Cl^2) *se prépare par l'action du chlorure de sodium sur le sulfate mercureux* (SO^4Hg^2). *On demande quel poids de sel marin il faut employer pour obtenir 1413gr de calomel? Poids atomique de* Hg = 200, *de* Na = 23, *de* Cl = 35,5.

32. — *Le chlorure d'aluminium s'obtient par l'action du chlore sur un mélange d'alumine* (Al^2O^3) *et de charbon.* 1° *Quel poids de charbon faut-il employer pour obtenir 534gr de chlorure d'aluminium?* 2° *Quel est le volume de chlore nécessaire dans la réaction? Poids atomique de* Al = 27, *de* C = 12, *de* O = 16, *de* Cl = 35,5; *poids du litre de chlore* = 3gr,17.

CHIMIE ORGANIQUE

33. — *Quel poids d'acétate de sodium* ($C^2H^3O^2Na$) *faut-il décomposer par la soude pour préparer un litre de méthane? Densité du méthane par rapport à l'air* = 0,56.

34. — *Quel volume d'air faut-il fournir à* 100cc *de méthane, pour les transformer complètement en gaz carbonique et en eau? Densité du méthane par rapport à l'air* = 0,26.

35. — *Quel volume d'éthylène obtient-on par la déshydratation de* 92gr *d'alcool éthylique? Poids du litre d'éthylène* = 1gr,26.

36. — *L'éthylène s'obtient par déshydratation de l'alcool éthylique. On demande quel poids d'alcool il a fallu déshydrater pour obtenir* 28l *d'éthylène? Poids du litre d'éthylène* = 1gr,26.

37. — *Quel poids d'alcool éthylique* (C^2H^6O) *faut-il décomposer pour obtenir* 100cc *d'éthylène? Poids du litre d'éthylène* = 1gr,26.

38. — *Dans l'hydrogénation de l'acétylène, on a fait agir* 3l *d'hydrogène; quel est le volume d'éthylène obtenu? Poids du litre d'hydrogène* = 0,089; *poids du litre d'éthylène* = 1,25.

39. — *Quel volume d'hydrogène faut-il faire agir sur un litre d'acétylène pour transformer ce gaz en éthylène? Poids du litre d'acétylène* = 1gr,16; *poids du litre d'hydrogène* = 0gr,089.

40. — *Quel poids de charbon faut-il employer pour transformer* 280gr *de chaux en carbure de calcium?*

41. — *Quel est le volume d'acétylène obtenu en traitant par l'eau* 1kg *de carbure de calcium? Poids du litre d'acétylène* = 1gr,19.

42. — *A combien reviendra* 1mc *d'acétylène, si le carbure de calcium coûte* 0,50 *cent. le kilogramme? Densité de l'acétylène par rapport à l'air* = 0,92.

43. — *Quel poids de carbure de calcium faut-il traiter par l'eau, pour obtenir* 309l,4 *d'acétylène? Poids du litre d'acétylène* = 1gr,19.

44. — *Combien faut-il décomposer de carbure de calcium pour saturer de gaz acétylène* 15l *d'eau? Cofficient de solubilité de l'acétylène dans l'eau* = 1 ; *poids du litre de* C^2H^2 = 1,19.

45. — *Une salle est éclairée pendant quatre heures par* 50 *becs de gaz dépensant chacun* 180l *de gaz à l'heure. On demande quelle serait l'économie réalisée si on remplaçait le gaz de houille par l'acétylène, sachant que le nombre de becs serait réduit de moitié? Prix du mètre cube de gaz de houille* = 0 fr. 20; *prix du mètre cube d'acétylène* = 1 fr. 70. *Consommation horaire d'un brûleur à acétylène* = 30l.

46. — *Quel est le volume d'oxygène nécessaire pour brûler complètement* 390gr *de benzine? Poids du litre d'oxygène* = 1gr,43.

47. — *Quel poids de benzine faut-il traiter par l'acide azotique pour obtenir* 246gr *de nitrobenzine?*

48. — *On fait agir* 315gr *d'acide azotique fumant sur de la benzine en excès. Quel sera le poids de nitrobenzine obtenu?*

49. — *Quel poids d'acide sulfurique faut-il employer pour transformer* 390gr *de benzine* (C^6H^6) *en acide phénylsulfureux* ($C^6H^5.SO^3.H$)?

50. — *Quel poids d'acide phénylsulfureux peut-on obtenir par l'action de* 490gr *d'acide sulfurique sur de la benzine en excès?*

51. — *Le sodium attaque l'alcool méthylique en formant un alcoolate de sodium, avec dégagement d'hydrogène. Quel poids de sodium faut-il employer si l'on veut avoir un dégagement de* 200cc *d'hydrogène? Poids du litre d'hydrogène* = 0gr,089.

52. — *Le chlorure de méthyle* (CH^3Cl) *résulte de l'action de l'acide chlorhydrique sur l'alcool méthylique. On demande quel poids d'alcool il faut traiter pour obtenir* 202gr *de chlorure de méthyle?*

53. — *Quel est le volume d'eau nécessaire pour dissoudre complètement le chlorure de méthyle produit dans l'action de l'acide chlorhydrique sur* 64gr *d'alcool méthylique? Poids du litre de chlorure de méthyle* = 2,26; *coefficient de solubilité dans l'eau* = 4.

54. — *On fabrique l'acide acétique* ($C^2H^3O^2.H$) *on oxydant l'alcool éthylique* (C^2H^6O). *On demande quel volume d'air il faut faire agir sur l'alcool, pour transformer* 46l *d'alcool en acide acétique? Densité de l'alcool* = 0,8.

55. — *En faisant agir l'acide sulfurique sur un certain poids d'acétate de sodium, on a obtenu* 180gr *d'acide acétique. Quel est le poids d'acétate de sodium décomposé?*

56. — *Une liqueur de Fehling a été titrée de telle manière que* 10cc *de la liqueur d'épreuve seront réduits par* 0gr,05 *de glucose. Pour précipiter tout le cuivre de ces* 10cc, *il a fallu* 25cc *d'une solution sucrée; quelle est la teneur en glucose d'un litre de cette solution?*

57. — *Quel poids de betteraves faut-il traiter pour obtenir* 196kg *de sucre? Les betteraves employées renferment* 15 % *de sucre, et, dans la fabrication, il y a une perte de* 2 % *de sucre contenu dans les betteraves.*

58. — *Une solution de glucose soumise à la fermentation a donné* 100cc *de gaz carbonique. Quel était le poids de glucose dans la solution? Poids du litre de gaz carbonique* = 1gr,97.

59. — *Dans un vase, muni d'un tube à dégagement qui se rend sous une éprouvette placée sur la cuve à eau, on introduit* 360gr *de glucose dissous dans l'eau et un peu de levure de bière. Quel volume de gaz carbonique faut-il recueillir pour pouvoir en conclure que tout le glucose est transformé en alcool? Poids du litre de gaz carbonique* = 1gr,97.

60. — *On introduit dons une marmite* 2l *d'eau sucrée, avec un excès de sucre de* 10kg. *On élève peu à peu la température du dissolvant jusqu'à* 80°. *Quel poids restera-t-il de sucre non dissous? L'eau dissout deux fois son poids de sucre à la température ordinaire et quatre fois à* 80°.

61. — *L'eau dissout quatre fois son poids de sucre à* 80° *et deux fois à* 15°. *On prend une solution sucrée saturée à* 80° *et on la laisse refroidir jusqu'à* 15°. *Quel sera le poids de sucre déposé pendant le refroidissement, par un litre de cette solution?*

62. — *Quelle quantité d'eau fixeront* 684gr *de sucre ordinaire pour se transformer en sucre interverti (mélange de glucose et de lévulose)?*

TABLE DES MATIÈRES

CHAPITRE I. — **Généralités sur les métaux et les alliages.**

§ I. — *Métaux* 1
§ II. — *Alliages* 4

CHAPITRE II. — **Le carbonate de sodium** 6

CHAPITRE III. — **Calcaires, chaux, mortiers, ciments et plâtre.**

§ I. — *Calcaires ou carbonates de chaux* 11
§ II. — *Chaux* 12
§ III. — *Mortiers et ciments* 13
§ IV. — *Plâtre* 14

CHAPITRE IV. — **Minerais oxydés et sulfurés.**

§ I. — *Minerais oxydés* 18
§ II. — *Minerais sulfurés* 19

CHAPITRE V. — **Fer. — Fontes. — Aciers.**

§ I. — *Fer* 20
§ II. — *Fontes* 26
§ III. — *Aciers* 28

CHAPITRE VI. — **Cuivre. — Alliages. — Sulfate de cuivre.**

§ I. — *Cuivre et alliages* 31
§ II. — *Sulfate de cuivre* 33

CHAPITRE VII. — **Plomb** 35

CHAPITRE VIII. — **Zinc** 41

CHAPITRE IX. — **Aluminium et ses composés.**

§ I. — *Aluminium* 47
§ II. — *Alumine* 49
§ III. — *Silicate d'aluminium* 50
§ IV. — *Poteries* 51

CHAPITRE X. — Verres et cristal. 56
CHAPITRE XI. — Argent et or.
§ I. — *Argent*. 59
§ II. — *Or*. 63
CHAPITRE XII. — Magnésium. — Nickel. — Étain. — Mercure. — Platine. 67

CHIMIE ORGANIQUE

CHAPITRE XIII. — Notions préliminaires. 70
CHAPITRE XIV. — Carbures. — Méthane. — Pétroles. . . .
§ I. — *Carbures d'hydrogène*. 74
§ II. — *Méthane ou gaz des marais*. 75
§ III. — *Pétroles* 82
CHAPITRE XV. — Éthylène. — Acétylène.
§ I. — *Éthylène* 85
§ II. — *Acétylène*. 89
CHAPITRE XVI. — Gaz d'éclairage. — Benzine. — Naphtaline.
§ I. — *Gaz d'éclairage*. 96
§ II. — *Produits secondaires obtenus dans la distillation de la houille. — Eaux ammoniacales. — Goudrons.* 100
§ III. — *Benzine*. 102
§ IV. — *Naphtaline*. 106
CHAPITRE XVII. — Alcool méthylique. 108
CHAPITRE XVIII. — Fermentation alcoolique. — Alcool éthylique.
§ I. — *Fermentations* 112
§ II. — *Alcool éthylique*. 114
§ III. — *Liqueurs fermentées* 118
CHAPITRE XIX. — Fermentation acétique. — Acide acétique. Vinaigre.
§ I. — *Fermentation acétique*. 121
§ II. — *Acide acétique*. 122
§ III. — *Vinaigre* 125
CHAPITRE XX. — Éthers-sels 127
CHAPITRE XXI. — Corps gras. — Acides gras.
§ I. — *Corps gras*. 130
§ II. — *Acides gras*. 133

CHAPITRE XXII. — Glycérine. — Savons. — Bougies.

§ I. — *Glycérine* 135
§ II. — *Savons* 137
§ III. — *Bougies stéariques* 139

CHAPITRE XXIII. — Saccharose. — Glucose.

§ I. — *Saccharose* 141
§ II. — *Glucose* 144

CHAPITRE XXIV. — Amidon. — Cellulose.

§ I. — *Amidon* 148
§ II. — *Cellulose* 151

CHAPITRE XXV. — Phénol. — Aniline.

§ I. — *Phénol* 155
§ II. — *Aniline* 158

Problèmes. — Chimie minérale 161
Chimie organique 161

87574. — Tours, Impr. Mame.

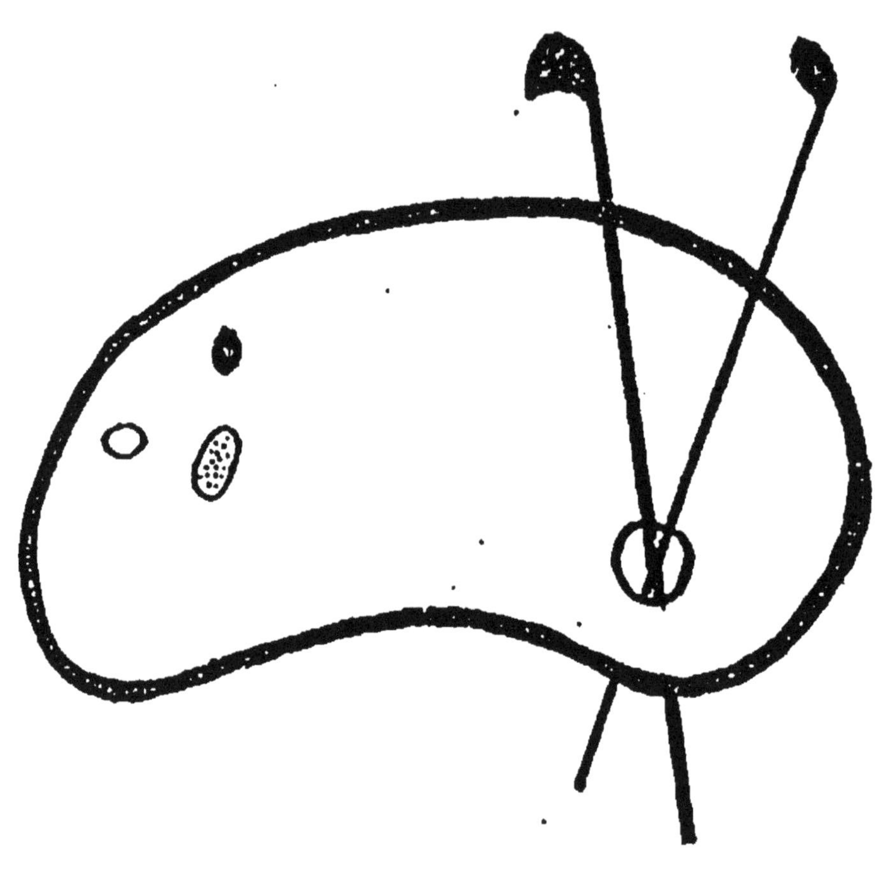

www.ingramcontent.com/pod-product-compliance
Ingram Content Group UK Ltd.
Pitfield, Milton Keynes, MK11 3LW, UK
UKHW021051230726
13926UKWH00004B/1775